AUTOMOTIVE WORD SEARCH

50 PUZZLES WITH SOLUTIONS

Name:..

Email:..

Phone:..

Puzzle 1

B	M	P	A	A	O	M	Q	J	V	L	L	Y	P	H	P	A
F	Q	H	U	F	G	K	G	W	J	K	D	T	Z	C	V	I
P	L	V	H	R	I	D	D	F	W	Q	Z	F	G	Y	U	G
D	Z	S	O	L	A	R	S	U	N	R	O	O	F	Y	A	N
Z	F	W	G	F	C	U	D	F	C	N	P	W	J	Q	J	I
D	M	I	J	R	Q	X	M	D	R	I	V	E	B	E	L	T
D	P	J	Q	O	U	L	B	Q	C	K	Q	Z	U	L	A	I
C	W	J	P	O	I	P	C	X	F	P	Y	B	A	R	G	O
T	Q	O	W	F	S	V	H	V	P	B	I	C	N	V	P	N
P	L	U	S	S	I	Z	E	W	H	E	E	L	S	M	Q	S
U	S	N	U	P	T	M	M	N	V	R	W	G	L	U	Z	Y
O	X	F	M	O	I	E	R	O	C	Y	D	W	U	A	M	S
T	P	I	E	I	O	E	Y	P	A	U	D	Z	H	E	R	T
S	D	O	D	L	N	L	X	J	U	X	G	K	P	D	J	E
Y	T	Q	J	E	F	T	Z	G	T	F	D	I	Q	X	R	M
U	E	K	Y	R	E	A	R	D	E	F	R	O	S	T	E	R
Y	H	Z	L	N	E	U	R	Y	K	S	W	I	Y	P	A	O

ACQUISITIONFEE / CPILLAR / ROOF SPOILER / SOLAR SUNROOF / RECALL / REAR DEFROSTER / PLUS SIZE WHEELS / OEM / IGNITION SYSTEM / DRIVE BELT

Puzzle 2

S	T	R	O	K	E	U	R	N	A	Z	J	X	S	V	L
P	O	M	Y	J	V	S	Y	X	E	V	W	I	B	M	U
N	B	L	U	M	B	A	R	S	U	P	P	O	R	T	B
H	E	N	A	M	C	S	S	Z	U	F	S	X	G	O	E
C	U	Y	G	R	I	V	N	T	E	X	W	R	H	E	V
D	M	T	E	E	P	T	N	X	B	S	F	J	J	F	E
X	T	Y	O	N	A	O	G	Z	Y	G	U	N	D	L	L
D	Y	Z	H	D	G	R	W	Q	V	V	N	P	N	O	G
B	A	Z	K	I	N	J	B	E	P	O	Z	Y	T	O	E
V	P	E	X	T	E	R	I	O	R	C	A	M	E	R	A
K	P	S	I	Y	J	Y	Q	A	X	U	N	P	Y	P	R
L	O	O	N	K	D	L	N	M	G	O	Q	T	K	L	S
Y	O	D	A	I	N	D	I	V	I	D	U	A	L	A	G
M	N	W	B	C	N	C	P	G	O	L	A	F	W	N	S
O	X	B	A	M	C	N	Q	K	C	X	J	D	S	F	Y
A	B	W	T	H	H	D	L	P	N	L	A	V	W	W	B

**EV / SOLAR POWER / BEVEL GEARS /
HCCI / GEARBOX / EXTERIOR CAMERA
/ INDIVIDUAL / LUMBAR SUPPORT /
FLOORPLAN / STROKE**

Puzzle 3

G	B	Y	T	C	B	E	D	F	E	A	T	U	R	E	S
O	Y	B	A	W	N	P	C	D	Q	N	F	V	A	O	P
L	I	A	A	Y	G	B	R	A	X	F	R	I	I	Y	E
Z	F	I	C	W	H	W	J	A	E	Z	E	W	Q	L	N
P	V	Y	L	R	V	S	X	S	E	I	X	J	B	Z	E
Z	H	M	Y	T	D	E	A	T	H	B	R	A	K	E	U
V	C	A	R	B	O	N	F	O	O	T	P	R	I	N	T
R	O	K	Z	M	Y	S	H	O	Y	A	A	W	Z	C	R
E	B	E	L	C	H	F	R	N	C	G	B	M	E	U	A
Y	X	X	K	T	F	F	I	G	F	B	Q	V	I	A	L
T	J	G	U	X	W	L	N	F	G	T	E	I	O	X	S
A	X	L	E	D	R	I	V	E	F	L	U	I	D	Z	T
S	C	I	L	M	W	N	M	I	I	D	T	J	Q	O	E
H	Q	T	T	O	Y	K	Z	V	T	H	M	H	G	L	E
E	P	Z	T	O	T	O	R	Q	U	E	S	T	E	E	R
F	P	J	N	T	N	D	A	T	P	D	Z	W	Z	A	Q

MAKE / CARBON FOOTPRINT / AXLE
DRIVE FLUID / LINK / TOWING
CAPABLE / NEUTRAL STEER / BED
FEATURES / ILEV / DEATH BRAKE /
TORQUE STEER

Puzzle 4

F	E	I	X	Q	D	R	Q	P	Y	U	B	K	Y	S	Z
L	Y	U	F	F	X	E	Z	Q	F	V	N	U	T	T	O
H	E	A	D	U	N	I	T	S	J	X	L	H	Q	R	T
F	V	A	W	P	W	C	M	A	H	K	G	Z	E	A	S
X	T	D	W	A	B	R	J	C	A	I	F	T	S	I	S
V	P	W	C	X	R	B	P	X	L	Q	L	U	F	L	T
P	X	E	J	C	K	E	E	G	E	I	R	F	F	B	D
P	B	K	V	H	F	C	N	L	F	N	S	A	D	R	I
U	G	F	K	C	S	I	M	E	T	J	X	R	Z	A	N
Y	X	I	G	S	R	W	R	N	S	L	M	N	R	K	A
U	R	B	I	E	S	P	N	G	N	S	I	L	T	I	M
P	K	C	N	X	L	A	C	Z	S	V	A	N	P	N	F
X	C	R	X	E	T	X	K	W	W	V	W	I	E	G	N
Q	O	U	U	C	T	F	K	T	A	K	U	V	D	R	E
C	G	F	I	C	O	B	J	M	F	J	R	T	O	S	U
R	N	L	E	V	P	R	O	G	R	A	M	L	C	S	U

TRAILBRAKING / FICO / HEAD UNIT / AWARENESS AIDS / FUEL PREFILTER / CORNERING LIGHTS / LPG / NLEV PROGRAMTTOP

Puzzle 5

L	K	R	D	K	Z	Z	X	N	L	X	G	J	A	T	K
V	W	B	Q	X	X	L	K	E	U	U	Y	B	L	X	M
J	F	P	X	N	M	U	D	O	I	Y	G	M	A	S	M
T	M	Y	R	N	U	D	R	F	B	T	O	O	T	M	Z
O	Z	H	Y	P	D	R	I	V	E	L	I	N	E	E	B
W	Q	Y	O	A	I	T	V	T	D	F	V	O	R	M	Y
U	X	L	E	Y	S	L	I	N	H	A	U	C	A	V	V
S	U	T	Q	J	C	O	N	M	H	K	I	O	L	C	Q
P	C	N	J	Q	C	T	G	R	I	Y	J	Q	L	P	V
U	O	N	J	A	H	V	L	L	H	N	H	U	I	D	H
A	U	F	U	H	A	P	I	T	C	H	G	E	N	C	T
R	O	C	P	S	N	G	G	W	B	K	C	B	K	W	O
J	W	L	G	W	G	N	H	A	E	D	Z	N	E	L	Z
A	Y	J	P	I	E	I	T	P	I	Q	X	H	V	L	M
G	B	H	Q	L	R	H	S	P	C	O	O	L	A	N	T
S	O	T	U	L	P	O	I	T	D	Y	U	D	D	D	O

LENGTH / DRIVING LIGHTS / COOLANT / PITCH / LATERAL LINK / TIMING BELT / MUD / DISC CHANGER / DRIVELINE / MONOCOQUE

Puzzle 6

E	W	Z	L	L	X	D	I	F	Y	E	N	D	N	I	P
K	S	E	Q	O	Z	X	O	L	Y	V	A	N	H	V	I
L	J	Q	M	R	X	M	U	Q	P	W	L	D	K	B	I
P	G	C	O	O	L	E	D	S	E	A	T	S	R	G	J
Z	D	R	A	G	C	O	E	F	F	I	C	I	E	N	T
E	E	U	Y	L	K	I	C	K	D	O	W	N	Z	M	C
T	A	I	L	L	I	G	H	T	S	C	U	X	D	W	B
T	W	S	I	D	E	P	O	C	K	E	T	S	W	X	N
G	J	E	Z	Y	D	M	K	B	X	M	L	D	G	P	O
Y	M	C	E	L	N	G	X	Z	R	N	A	V	Y	H	H
I	H	O	F	F	R	O	A	D	L	O	S	J	E	Z	Z
M	I	N	I	V	A	N	Z	G	L	B	L	B	X	O	P
R	N	T	H	O	X	O	P	Y	L	I	R	P	G	S	L
D	E	R	E	C	S	Q	A	A	S	X	L	P	Z	N	Y
K	C	O	E	Z	K	P	I	L	L	A	R	C	W	H	Q
S	K	L	U	R	A	K	S	O	T	H	N	D	W	G	Y

DRAG COEFFICIENT / KICKDOWN / OFFROAD / MINIVAN / SIDE POCKETS / CRUISE CONTROL / PILLAR / COOLED SEATS / PAYLOAD / TAIL LIGHTS

Puzzle 7

S	H	O	C	K	A	B	S	O	R	B	E	R	L	G	W
C	T	Z	O	L	M	S	E	B	K	V	X	X	Y	O	V
K	H	A	O	O	E	H	V	A	C	V	S	W	C	H	V
N	A	X	L	E	R	A	T	I	O	L	A	N	Y	B	T
K	Y	P	A	R	A	L	L	E	L	H	Y	B	R	I	D
C	Z	R	N	J	R	I	M	C	O	J	H	N	L	O	X
C	P	I	T	H	T	W	Q	T	W	B	T	P	H	M	W
K	P	V	T	R	C	U	R	B	W	E	I	G	H	T	W
B	R	A	K	E	M	O	D	U	L	A	T	I	O	N	C
M	E	C	X	D	S	Q	M	T	D	I	M	V	U	J	Z
O	X	Y	Y	Q	I	W	U	P	E	F	N	X	Q	B	A
A	F	G	E	T	N	W	P	L	A	L	Y	E	R	D	B
F	W	L	M	I	D	S	I	Z	E	C	A	R	Q	J	G
Z	G	A	I	X	Z	M	Z	L	U	B	T	Y	G	H	H
C	R	S	Q	O	Z	S	H	Y	T	N	D	Z	H	M	H
R	X	S	O	V	R	Q	U	S	C	F	S	U	C	B	N

PRIVACY GLASS / COMPACT / PARALLEL HYBRID / MIDSIZE CAR / BRAKE MODULATION / LINE / CURB WEIGHT / SHOCK ABSORBER / COOLANT / AXLE RATIO

Puzzle 8

D	S	E	E	M	P	P	T	U	I	W	J	R	F	M	J
I	R	F	C	D	H	E	L	H	O	R	F	A	X	T	V
D	E	A	L	E	R	H	O	L	D	B	A	C	K	I	X
J	N	C	I	T	M	I	C	A	T	P	J	A	F	M	T
G	E	T	M	C	B	Q	K	O	X	F	X	K	H	T	S
P	W	O	A	O	A	Y	C	E	O	V	T	K	W	Z	D
X	A	R	T	I	F	S	Y	U	Z	C	C	S	O	I	O
E	B	Y	E	J	A	X	L	E	T	R	A	M	P	J	W
P	L	T	C	K	N	B	I	Z	U	S	L	T	Q	P	F
M	E	U	O	S	J	S	N	I	K	D	X	T	M	G	R
M	E	N	N	D	U	L	D	F	R	A	B	U	F	L	T
U	N	E	T	F	Z	N	E	E	Z	I	P	X	D	D	P
U	E	R	R	Z	D	U	R	E	D	L	I	N	E	P	S
Z	R	F	O	Y	L	G	S	O	I	Q	D	E	C	H	C
W	G	I	L	U	R	F	H	O	O	X	K	G	K	O	I
B	Y	D	R	I	V	E	S	H	A	F	T	G	U	P	Q

CLIMATE CONTROL / DEALER HOLDBACK / FACTORY TUNER / SUNROOF / OIL PUMP / REDLINE / DRIVE SHAFT / LOCK CYLINDERS / RENEWABLE ENERGY / AXLE TRAMP

Puzzle 9

D	Q	C	O	M	P	A	C	T	L	J	B	C	H	R	L
C	T	A	P	L	Q	T	M	N	K	X	C	E	S	L	T
B	F	R	U	E	R	J	P	V	O	B	Q	P	W	U	I
S	L	G	X	N	M	Z	O	R	G	F	Y	T	G	G	N
J	I	O	K	N	M	L	W	W	M	K	W	G	O	G	W
K	Y	T	C	W	X	A	E	C	A	P	I	A	O	A	Z
X	X	I	L	K	Y	M	R	V	L	N	Q	I	B	G	L
A	O	E	F	S	H	J	T	X	W	R	Y	P	P	E	S
J	I	D	X	R	G	E	R	Y	B	H	Y	V	N	C	P
N	N	O	X	K	N	X	A	A	U	D	B	G	B	A	X
L	W	W	L	W	H	G	I	T	O	R	Q	U	E	P	K
E	M	N	X	B	H	I	N	B	E	T	O	E	Y	A	U
H	S	S	G	T	Q	M	Z	S	H	R	V	A	V	C	W
X	S	E	R	I	E	S	H	Y	B	R	I	D	J	I	N
V	Y	M	L	P	U	Y	R	R	C	X	M	I	E	T	R
Z	T	C	A	U	N	U	D	U	J	M	E	A	K	Y	K

CARGO TIE DOWNS / NOX / BLOCK HEATER / POWERTRAIN / LUGGAGE CAPACITY / MSRP / BODY / COMPACT / TORQUE / SERIES HYBRID

Puzzle 10

H	Z	M	C	S	G	K	I	S	O	F		I	K	K	I
M	H	Z	F	Y	L	F	S	A	K	H	T	M	T	X	N
S	K	O	O	H	K	U	Q	R	T	C	P	R	D	Q	V
D	W	V	U	Q	Y	R	B	G	S	T	A	N	I	O	H
K	G	V	R	O	Q	V	N	G	U	T	R	R	V	P	D
Z	B	J	W	F	I	E	S	X	S	R	K	E	E	C	A
G	U	O	H	U	L	T	F	E	P	A	I	W	R	O	M
E	D	D	E	D	U	H	T	B	E	I	N	Y	T	O	P
R	F	Y	E	M	L	O	O	Z	N	L	G	R	E	L	E
O	O	B	L	T	M	Z	C	D	S	E	A	O	R	E	N
T	R	M	D	E	H	X	A	M	I	R	S	V	V	D	I
Y	Z	T	R	R	A	A	Z	J	O	H	S	N	A	S	N
S	L	J	I	N	A	K	N	D	N	I	I	G	L	E	G
V	H	J	V	F	P	G	Z	O	V	T	S	Q	V	A	C
H	K	M	E	R	X	H	O	D	L	C	T	S	E	T	F
E	U	K	P	P	D	W	C	P	O	H	C	E	Q	S	K

PARKING ASSIST / TRAILER HITCH / NVH DAMPENING / DIVERTER VALVE / SUSPENSION / ETHANOL / BED LENGTH / REMOTE START / FOURWHEEL DRIVE / COOLED SEATS

Puzzle 11

A	F	L	E	X	F	U	E	L	E	N	G	I	N	E	B
G	N	O	A	T	D	R	D	Q	D	E	N	H	Z	O	M
C	M	F	D	N	C	P	R	N	T	X	J	U	J	C	F
C	L	D	T	E	E	Q	I	Z	W	K	A	R	O	F	U
H	T	E	Y	K	T	W	V	L	D	T	A	S	P	U	E
L	W	D	O	G	C	L	A	G	L	E	W	S	P	E	L
Q	P	H	F	Z	K	J	B	T	Q	A	A	S	O	B	E
C	C	V	Z	W	J	F	I	I	C	V	R	D	S	F	C
B	I	K	H	Z	G	O	L	Q	X	H	N	O	I	P	O
G	M	A	S	S	A	G	I	N	G	S	E	A	T	S	N
D	Y	A	Q	D	Z	L	T	Y	I	T	D	A	E	Z	O
S	J	B	D	K	T	I	Y	C	L	A	Q	R	L	W	M
G	H	G	T	T	M	G	C	M	D	V	Y	W	O	Z	Y
F	G	J	W	U	M	H	Y	I	K	P	P	F	C	N	N
E	G	R	S	Y	S	T	E	M	U	L	D	F	K	M	G
E	K	V	S	F	P	S	H	A	N	W	W	L	E	E	E

DPILLAR / EGR SYSTEM / MASSAGING SEATS / FLEXFUEL ENGINE / DRIVABILITY / OPPOSITE LOCK / FOG LIGHTS / FUEL ECONOMY / LANE WATCH / CHOKE

Puzzle 12

F M P T G H C Z E I N V V S X I
Z F U E L C O N S U M P T I O N
D E Y Q I O H S E D A N F M S T
L L R X L I P S P O I L E R H E
L C Y U B Y G H N T N A G M O R
H O P K N E E A I R B A G S U I
D K L I G F D M V F E E S L L O
X D U J D R L Q E K A H V V D R
E O B K L X P A L K R F D X E T
M I U Y E U A C T E I M O Z R R
D R V O Q I J T L Q N D A O R I
S Z N T V B R A W X G U X R O M
A P G S Q R A C G T S C A U O B
V K M V F U K L V M J J K W M Y
A T T S U N I T F L U I D H U A
R Y I T M T Z L Z M L F L T A A

FUELCONSUMPTION / ATTSUNITFLUID / RUNFLAT / KNEEAIRBAGSSEDAN / SHOULDERROOM / DMVFEES / LIPSPOILER / MAINBEARINGS / INTERIORTRIM

Puzzle 13

U	T	M	O	N	T	H	L	Y	P	A	Y	M	E	N	T
Z	I	G	S	E	W	F	V	P	I	B	T	S	I	P	M
J	N	F	O	W	Y	N	V	G	Y	K	A	C	N	H	O
S	E	A	T	I	N	G	C	A	P	A	C	I	T	Y	N
T	J	X	A	I	R	P	U	M	P	F	I	L	T	E	R
Z	E	K	F	M	R	W	S	S	U	D	V	W	L	Y	O
G	P	R	E	C	R	A	S	H	S	A	F	E	T	Y	N
G	B	F	U	G	X	U	L	N	H	Z	U	T	V	C	E
H	C	A	R	G	O	D	O	O	R	T	Y	P	E	H	Y
O	O	R	W	T	D	E	D	A	O	N	S	E	F	J	S
A	M	J	M	L	U	W	M	C	D	Z	C	A	F	S	T
X	P	P	A	R	K	I	N	G	L	I	G	H	T	S	I
F	A	S	X	B	P	L	V	G	F	P	F	C	C	X	C
E	S	H	O	T	O	C	M	P	H	I	A	G	U	F	K
P	S	O	V	O	L	G	Y	I	P	R	O	U	N	U	E
E	X	G	R	T	R	I	M	L	E	V	E	L	U	P	R

PRECRASH SAFETY / CARGO DOOR TYPE / COMPASS / TRIM LEVEL / MONRONEY STICKER / PARKING LIGHTS / MONTHLY PAYMENT / AIR PUMP FILTER / PUSHROD / SEATING CAPACITY

Puzzle 14

C	E	C	X	F	Q	Q	U	C	E	H	N	N	F	L	N
T	R	A	C	T	I	O	N	C	O	N	T	R	O	L	Q
R	R	G	B	M	L	V	W	D	V	R	S	J	Z	T	U
T	T	A	N	F	M	W	T	Q	Z	E	A	K	V	H	K
Y	Z	W	N	I	Q	I	I	N	I	A	A	R	I	G	T
K	Y	H	V	S	I	K	N	T	Z	R	A	Z	R	W	B
G	B	C	P	O	A	L	E	V	V	B	A	I	K	L	F
L	N	O	E	P	A	X	F	B	S	R	O	N	X	W	F
Z	V	J	Z	M	H	G	L	H	Y	A	B	U	V	O	O
C	G	M	X	Y	I	I	M	E	M	K	U	B	W	V	F
I	E	L	E	C	T	R	I	C	V	E	H	I	C	L	E
N	B	Q	O	L	I	I	O	N	Y	T	U	R	N	I	N
W	A	R	J	Y	E	Y	D	O	M	Y	K	U	L	R	A
Y	M	F	L	U	I	D	C	O	U	P	L	I	N	G	W
C	P	Y	O	X	M	B	R	A	K	E	F	L	U	I	D
J	P	X	Q	L	B	T	O	E	I	N	Y	L	A	D	G

LIION / TRANSAXLE / ELECTRIC
VEHICLE / AWD / TRACTION
CONTROL / TURNIN / BRAKE
FLUID / FLUID COUPLING / REAR
BRAKE TYPE / TOEIN

Puzzle 15

N	I	P	Y	S	K	Z	O	N	W	J	C	D	X	V	B
D	L	H	I	H	X	L	B	L	Y	T	L	S	I	G	I
X	Q	E	N	I	H	R	A	Q	K	B	U	G	T	D	D
C	U	A	T	F	D	T	C	C	M	J	T	N	U	I	P
Y	V	T	A	T	W	A	K	Y	Z	S	C	M	U	E	A
J	Q	E	K	P	N	J	F	H	W	F	H	Z	S	B	R
B	X	D	E	R	A	I	I	C	I	S	P	A	V	H	I
V	L	M	P	O	W	E	R	S	T	E	E	R	I	N	G
Z	I	I	O	T	R	L	E	U	P	L	D	C	P	M	B
N	G	R	R	O	J	D	T	Y	L	E	A	Q	K	V	Q
E	O	R	T	C	T	R	T	A	N	V	L	B	V	N	X
Q	H	O	X	O	F	D	I	L	H	F	Y	Q	F	R	V
B	Q	R	M	L	E	C	Z	R	D	V	O	W	O	Y	S
I	Z	S	Q	B	E	E	A	H	S	I	U	Q	P	G	R
W	U	Q	B	P	X	E	X	V	N	K	S	A	P	N	B
T	N	S	S	D	R	U	M	B	R	A	K	E	S	N	Y

HEATED MIRRORS / DRUM BRAKES / INTAKE PORT / BACKFIRE / POWER STEERINGBED TYPE / CLUTCH PEDAL / SPECIAL LEASE / REAR HVAC / SHIFT PROTOCOL

Puzzle 16

S	E	C	U	R	I	T	Y	D	E	P	O	S	I	T	O
A	D	R	I	V	E	A	X	L	E	B	O	O	T	S	F
N	B	O	B	C	F	G	F	W	G	G	F	Z	T	R	F
C	P	S	R	I	H	F	F	N	N	A	I	A	B	H	B
Q	Z	K	A	J	U	M	I	I	R	V	E	L	A	V	K
E	D	D	U	M	H	D	R	B	I	S	V	Y	L	R	B
G	S	Z	H	O	O	L	T	V	D	D	P	F	L	C	M
G	V	E	F	X	I	E	L	E	L	T	H	V	J	V	Y
D	B	C	S	O	O	M	L	A	E	D	Z	T	O	J	V
B	S	Y	D	C	M	O	B	C	S	H	S	U	I	O	Z
G	O	Y	Q	O	O	N	Q	C	P	Y	E	R	N	I	K
E	K	F	H	C	O	X	E	V	E	Z	S	B	T	N	R
C	A	P	I	T	A	L	I	Z	E	D	C	O	S	T	D
T	E	U	H	R	C	T	V	I	D	M	P	L	W	S	R
O	D	L	E	X	X	F	V	L	W	I	T	A	V	N	O
W	H	H	Z	I	D	U	U	W	G	Y	A	G	E	I	B

DRIVEAXLEBOOTS / LEMON / BALLJOINTS / SECURITYDEPOSIT / OILRING / CAPITALIZEDCOST / TURBOLAG / COOLEDSEATS / CVJOINTS / IDLESPEED

Puzzle 17

L	S	D	B	Q	A	K	G	Y	O	Y	D	V	N	P	E
R	S	E	A	T	B	A	C	K	S	T	O	R	A	G	E
Z	Y	M	T	D	E	A	D	P	E	D	A	L	U	W	H
N	I	I	B	E	D	L	I	N	E	R	P	H	K	M	F
A	L	W	M	M	D	C	Q	B	O	T	R	E	D	B	O
E	G	A	N	T	I	L	O	C	K	B	R	A	K	E	S
H	X	I	X	H	M	D	P	H	U	R	V	D	V	8	N
I	R	R	F	U	E	L	F	I	L	T	E	R	V	5	W
M	I	F	X	S	N	Z	B	D	C	A	Y	O	J	S	C
Q	U	I	S	J	S	C	A	S	M	E	C	O	L	E	C
V	Q	L	G	D	I	T	W	Y	V	Q	T	M	Q	L	H
G	U	T	V	G	O	F	F	O	R	A	B	D	D	F	Q
D	J	E	H	F	N	M	N	X	F	N	W	X	E	N	T
H	Z	R	B	C	S	Y	V	U	X	R	Y	X	F	P	K
T	I	R	E	L	O	A	D	I	N	D	E	X	U	P	D
Z	N	F	U	L	J	N	D	X	K	A	G	Z	I	A	S

BED LINER / FUEL FILTER / DEAD PEDAL / TIRE LOAD INDEX / SEATBACK STORAGE / AIR FILTER / ANTILOCK BRAKES / E85 / BED DIMENSIONS / HEAD ROOM

Puzzle 18

L	W	P	H	J	B	O	W	T	Y	X	T	T	S	W	F
M	Q	A	X	N	E	M	E	S	G	J	U	J	L	P	M
B	B	N	O	V	E	R	S	T	E	E	R	I	I	G	C
U	S	H	U	G	P	Z	V	V	F	Y	N	I	F	R	N
O	Q	A	T	X	R	K	T	X	T	H	S	T	T	P	Y
Z	M	R	C	V	R	P	Q	Q	Y	E	I	K	G	F	B
X	S	D	I	H	L	E	V	P	R	O	G	R	A	M	F
J	D	R	I	V	E	T	R	A	I	N	N	P	T	A	V
U	P	O	U	N	D	F	E	E	T	Y	A	S	E	X	E
M	O	D	E	L	Y	E	A	R	J	Y	L	N	W	H	F
B	K	B	Q	R	A	I	T	K	G	S	S	B	I	P	W
Q	M	I	S	Q	M	A	O	L	B	K	A	C	N	R	E
O	K	Q	H	R	D	L	W	T	J	O	J	X	D	P	J
P	X	Z	Q	N	Y	E	L	J	M	T	L	N	O	M	Q
F	R	O	N	T	S	E	A	T	T	Y	P	E	W	P	J
Q	Q	O	V	U	J	T	Y	B	Y	L	T	T	Z	D	G

FRONT SEAT TYPE / OVERSTEER / LIFTGATE WINDOW / DRIVETRAIN / LEV PROGRAM / TURN SIGNALS / PANHARD ROD / MAX HP RPM / MODEL YEAR / POUNDFEET

Puzzle 19

S	C	P	T	V	C	G	G	P	S	F	V	J	X	R	K
H	Y	B	R	I	D	V	E	H	I	C	L	E	P	P	I
T	N	I	G	O	K	Z	G	S	F	Z	T	B	F	S	N
K	U	X	E	F	Q	V	J	X	H	G	M	B	V	W	G
S	T	E	E	R	I	N	G	L	I	N	K	A	G	E	P
B	S	I	D	E	I	M	P	A	C	T	B	E	A	M	I
O	V	B	F	T	H	K	E	S	Q	N	D	T	W	H	N
N	C	U	S	T	O	M	I	Z	E	D	N	I	N	N	B
K	O	O	Z	N	K	Y	X	E	L	Y	L	E	I	Y	U
Y	K	W	M	A	X	T	O	R	Q	U	E	R	P	M	S
E	L	X	O	P	A	Z	Y	D	K	T	S	O	M	P	H
D	S	M	D	P	A	U	S	Y	N	L	S	D	H	B	I
B	L	C	E	H	P	S	V	L	V	T	O	E	R	D	N
G	R	V	L	P	N	N	S	P	G	D	R	N	G	A	G
U	V	F	R	V	E	P	Z	K	Z	O	D	D	K	L	S
X	R	J	I	Z	X	T	X	Z	L	V	T	S	E	F	L

CUSTOMIZED / MAX TORQUE RPM / KINGPIN BUSHINGS / MODEL / LESSOR / STEERING LINKAGE / COMPASS / TIE ROD ENDS / HYBRID VEHICLE / SIDE IMPACT BEAM

Puzzle 20

J	S	T	E	E	R	I	N	G	K	N	U	C	K	L	E
N	C	A	B	I	N	L	I	G	H	T	I	N	G	K	A
R	O	F	X	U	V	J	U	K	W	M	U	C	W	W	G
X	U	F	M	I	M	I	I	O	K	N	F	R	K	Q	V
B	E	N	A	T	S	P	X	A	C	P	L	B	X	M	G
T	A	G	N	W	D	G	E	O	G	K	B	E	C	M	E
R	S	D	Y	I	D	P	V	R	I	U	J	E	Z	F	U
P	G	R	E	E	N	H	O	U	S	E	G	A	S	E	S
A	G	L	W	H	Q	G	M	Y	L	V	Q	H	K	G	V
U	Z	O	P	K	W	K	B	T	X	H	D	U	U	W	L
L	G	W	R	D	A	T	I	O	Q	J	U	T	I	F	E
N	F	T	I	R	S	T	J	A	A	O	V	V	O	T	O
A	N	T	I	R	O	L	L	B	A	R	I	J	S	S	Y
A	E	R	O	D	Y	N	A	M	I	C	D	R	A	G	D
R	A	V	F	G	C	D	D	J	M	E	K	S	E	V	K
G	J	M	I	N	I	/	C	I	T	Y	C	A	R	F	D

RUNNING BOARDS / EQUITY / / BUMPERS / ANTIROLL BAR / AERODYNAMIC DRAG / STEERING KNUCKLE / TITLE / GREENHOUSE GASES / MINI/CITY CAR / CABIN LIGHTING

Puzzle 21

Y	S	H	I	F	T	G	A	T	E	T	T	T	I	T	Y
B	W	L	A	Q	I	K	S	Z	W	D	Q	H	G	B	V
X	U	K	V	K	R	Y	A	H	N	A	C	R	M	V	N
Q	V	N	Y	I	E	A	P	A	V	S	H	O	Y	M	S
E	F	O	O	Z	P	Y	B	R	N	E	X	T	H	W	N
J	K	O	X	V	R	R	L	B	P	S	W	T	E	O	B
X	K	U	W	U	E	Q	G	E	A	U	O	L	E	U	W
L	B	F	Q	W	F	J	T	B	S	K	Z	E	L	R	P
T	I	E	O	N	I	T	S	A	M	S	Q	L	A	O	C
X	Q	P	G	U	X	U	R	R	E	A	E	I	N	G	J
R	I	G	I	D	A	X	L	E	J	B	R	N	D	X	I
I	H	M	I	R	L	O	K	I	B	Q	M	K	T	S	H
X	O	U	X	G	U	N	K	Z	V	A	O	A	O	R	B
W	J	T	H	F	S	Q	H	F	K	L	T	G	E	N	Y
I	X	Q	J	G	X	D	H	Z	X	D	S	E	P	M	V
X	J	X	J	L	X	G	U	B	V	C	D	Y	V	K	B

KEYLESS ENTRY / TIRE PREFIX / POWER BAND / SHIFT GATE / THROTTLE LINKAGE / RIGID AXLE / PASM / HEELANDTOE / PAA / REBATE

Puzzle 22

W	S	P	P	Q	W	Y	N	H	P	A	U	J	N	C	J
P	T	R	Y	G	Q	R	L	H	A	I	C	V	M	U	E
W	P	H	D	P	D	C	C	C	T	N	R	X	M	R	M
S	U	U	E	S	U	E	H	B	V	T	D	B	S	T	M
R	R	F	S	N	Z	X	S	L	D	E	O	L	Q	A	I
G	C	U	C	A	E	P	P	T	D	R	L	A	I	I	R
L	H	E	E	V	W	J	X	X	B	C	Q	U	Y	N	M
R	A	L	N	I	O	V	J	O	Q	O	E	N	G	A	G
D	S	C	T	G	R	E	E	N	H	O	U	S	E	I	V
Y	E	A	C	A	I	F	A	O	F	L	H	D	F	R	A
B	O	P	O	T	V	N	B	E	Q	E	W	D	T	B	C
W	P	A	N	I	B	Q	E	E	B	R	Z	U	L	A	V
B	T	C	T	O	Y	P	Q	O	F	W	W	M	Q	G	I
J	I	I	R	N	R	U	N	P	I	X	L	V	N	S	R
T	O	T	O	R	N	L	L	K	C	L	F	T	E	A	U
U	N	Y	L	M	C	G	L	L	Q	E	H	D	G	U	K

PDCC / CURTAIN AIRBAGS / PURCHASE OPTION / DESCENT CONTROL / GREENHOUSE / GPS NAVIGATION / FUEL CAPACITY / ENGINE OIL / INTERCOOLER / HANDLING

Puzzle 23

N	T	N	H	M	K	J	X	G	Q	T	Z	Z	F	G	H
Q	O	U	X	T	N	A	R	D	Y	M	F	U	V	K	C
S	V	T	X	B	O	G	C	K	P	A	T	H	U	E	Q
K	E	C	G	D	C	B	G	B	Z	Y	M	S	Q	Y	H
C	R	O	W	U	K	J	V	A	B	S	O	T	V	L	O
X	S	M	B	E	D	E	X	T	E	N	D	E	R	E	W
X	Q	P	S	C	O	V	S	Q	A	P	Z	E	J	S	H
X	U	A	U	H	W	K	Z	T	V	M	D	R	G	S	C
E	A	S	Y	E	N	T	R	Y	R	Q	Z	I	K	I	H
A	R	S	T	I	S	Z	S	E	P	F	V	N	W	G	I
H	E	D	N	G	E	Y	T	D	F	V	Q	G	R	N	C
M	N	M	B	H	N	E	P	B	Y	T	R	R	I	I	V
G	Y	I	V	T	S	U	B	C	O	M	P	A	C	T	V
Y	R	H	Z	A	O	T	O	K	O	M	H	C	M	I	U
R	X	K	E	L	R	Y	X	X	U	N	S	K	J	O	R
Q	L	L	D	O	N	B	F	F	D	I	H	E	I	N	R

BED EXTENDER / KNOCKDOWN SENSOR / EASY ENTRY / SUBCOMPACT / OVERSQUARE / HEIGHT / LEASE TERM / STEERING RACK / KEYLESS IGNITION / COMPASS

Puzzle 24

R	T	O	W	I	N	G	C	A	P	A	C	I	T	Y	N
Y	I	F	P	X	M	W	A	E	I	Z	T	T	L	S	F
A	R	M	S	C	A	G	N	X	C	W	X	A	H	C	B
P	E	F	X	H	H	A	W	X	K	E	K	D	Q	W	O
Q	S	B	W	I	O	T	K	A	U	P	Z	X	B	P	K
A	I	A	J	S	R	C	O	U	P	E	X	E	U	Y	O
T	Z	W	M	K	S	V	H	W	T	B	O	M	E	R	W
S	E	A	T	F	E	A	T	U	R	E	S	W	Z	O	G
X	C	L	G	A	P	I	N	S	U	R	A	N	C	E	Q
C	R	O	S	S	O	V	E	R	C	I	V	R	Q	W	X
V	S	G	L	B	W	Q	C	H	K	Z	W	I	O	S	T
X	I	P	L	S	E	D	D	J	D	Q	H	R	N	Y	L
B	U	U	Z	P	R	O	G	R	A	M	C	A	R	J	A
J	I	A	C	B	T	P	A	S	Y	J	J	S	S	Z	F
F	R	O	N	T	M	I	D	E	N	G	I	N	E	G	X
S	U	M	O	P	E	K	C	E	V	Y	B	O	O	I	S

HORSEPOWER / COUPE / CROSSOVER / FRONT MID ENGINE / PROGRAM CAR / TIRE SIZE / PICKUP TRUCK / GAP INSURANCE / TOWING CAPACITY / SEAT FEATURES

Puzzle 25

B	J	Z	Y	E	U	I	N	M	F	T	V	W	R	N	I
F	X	R	Y	P	S	V	K	D	E	E	M	U	T	N	N
H	X	E	O	P	E	T	I	G	U	R	K	W	B	P	B
J	C	A	S	H	R	E	B	A	T	E	S	P	S	R	O
A	H	R	L	M	I	Q	W	B	Q	C	V	P	A	O	A
A	J	W	X	F	E	V	M	K	A	A	U	E	L	G	R
O	Q	H	D	B	S	N	L	S	U	L	G	A	V	X	D
Z	L	E	U	C	W	S	Z	E	X	L	M	Q	A	C	B
Y	B	E	S	Z	T	A	R	G	A	N	I	P	G	P	R
K	R	L	O	O	D	O	H	C	I	O	M	R	E	H	A
K	C	D	L	I	W	V	I	V	S	T	O	P	T	O	K
V	J	R	C	M	G	L	D	T	I	I	Q	M	I	S	E
C	I	I	O	C	E	C	F	P	F	C	K	W	T	M	S
Q	F	V	L	H	P	C	M	D	U	E	G	F	L	M	D
L	N	E	G	M	Y	L	L	G	S	Z	Y	E	E	B	N
I	F	Q	F	M	E	S	B	F	D	R	W	D	Q	E	V

SALVAGE TITLE / SERIES / RECALL NOTICE / TARGA / DOHC / REAR WHEEL DRIVE / CASH REBATES / INBOARD BRAKES / CVT / HELICAL GEAR /

Puzzle 26

E	U	R	V	N	Y	N	Z	Z	P	K	S	F	R	C	B
D	M	L	Q	X	M	O	X	A	F	C	O	I	L	R	T
F	O	O	T	L	T	I	B	T	M	W	F	H	F	X	S
T	H	W	K	E	G	J	W	I	Q	R	T	G	H	V	W
F	Y	D	N	A	G	F	I	N	A	N	C	E	T	L	S
W	D	F	H	P	K	G	D	T	R	W	L	P	P	E	E
F	R	S	F	S	A	E	S	T	W	G	O	A	C	Y	G
Y	O	O	O	F	B	Y	G	D	W	N	S	B	N	M	Z
Y	C	C	S	A	B	B	M	B	C	P	E	E	A	K	V
N	A	Z	P	B	R	A	K	E	P	E	D	A	L	M	V
B	R	A	K	E	D	R	Y	I	N	G	O	C	I	D	I
P	B	C	Q	O	J	B	I	S	R	T	O	R	G	E	U
R	O	E	F	Z	A	X	P	E	N	T	R	O	O	F	D
I	N	K	S	E	A	T	B	E	L	T	S	O	V	F	S
D	S	H	A	F	K	D	V	P	N	P	J	N	R	A	U
W	M	I	E	R	T	I	K	G	W	C	L	A	Z	F	O

SOFTCLOSE DOORS / BRAKE DRYING / PENTROOF / FINANCE / TINT / SEAT BELTS / OIL / HYDROCARBONS / DOWN PAYMENT / BRAKE PEDAL

Puzzle 27

I	D	L	E	R	P	U	L	L	E	Y	J	R	T	Y	A
S	L	Y	O	D	H	F	O	Z	E	X	O	A	O	H	O
Q	C	B	U	B	A	D	I	H	M	I	Y	D	D	L	R
I	X	H	E	A	D	S	U	P	D	I	S	P	L	A	Y
J	Y	H	L	I	E	U	H	P	J	K	B	Q	C	E	P
J	Y	A	T	N	Y	E	V	B	H	W	R	V	S	T	G
D	Z	L	I	D	G	U	A	W	O	V	A	F	I	B	G
Y	T	G	A	S	R	T	L	N	B	A	C	K	X	Y	A
D	N	J	O	I	L	F	I	L	T	E	R	M	M	N	P
E	M	G	M	Q	O	M	J	Z	X	I	W	D	F	J	O
E	W	T	U	E	E	C	Q	D	A	G	S	T	P	J	E
Z	H	T	H	J	I	L	S	P	V	U	I	Q	F	O	J
R	W	O	V	T	I	U	E	D	K	P	H	I	U	K	Z
J	Z	S	A	E	H	R	E	B	O	U	N	D	J	A	R
D	D	U	A	L	M	O	D	E	H	Y	B	R	I	D	T
P	V	B	D	L	B	Y	L	Z	P	T	Y	G	R	X	W

ENGINE SIZE / REPAIR KIT / OIL FILTER / DASHBOARD / DUALMODE HYBRID / REBOUND / ANTISQUAT / LNG / IDLER PULLEY / HEADSUP DISPLAY

Puzzle 28

G	E	B	J	B	D	I	E	P	J	J	J	W	E	W	O
L	Z	S	T	E	E	R	I	N	G	A	X	I	S	O	T
I	W	M	H	E	D	G	L	O	C	F	P	O	D	J	Z
F	D	L	R	Z	G	R	Z	I	F	M	E	U	T	H	L
T	I	N	O	C	N	Y	R	K	P	C	K	F	J	Y	S
W	G	V	T	S	T	C	R	C	I	J	A	U	V	B	F
M	F	R	T	K	Z	A	R	O	X	H	U	Z	R	R	Z
K	S	N	L	D	B	Z	V	E	S	S	X	E	O	I	Z
P	N	H	E	F	D	N	Y	F	D	E	F	F	V	D	S
Z	F	G	B	P	I	L	L	A	R	I	N	C	V	D	S
N	R	M	O	V	K	A	S	S	M	N	T	S	I	E	P
R	D	Q	D	P	H	W	R	R	N	P	E	T	O	G	D
U	W	Y	Y	O	S	U	V	G	L	M	G	A	I	R	G
G	E	G	R	S	P	M	I	D	E	N	G	I	N	E	W
U	U	R	V	I	O	C	F	W	H	O	T	M	R	E	R
O	T	U	N	G	Q	X	L	B	B	B	P	L	W	L	P

GYRO SENSOR / THROTTLEBODY /
STEERING AXISHALFSHAFT /
MIDENGINE / PSM / INVOICE / HYBRID
DEGREE / BPILLAR / CREDIT TIER

Puzzle 29

L C K M S U N S E N S O R Y F W
D B R F P I B E Y D N A O H W Y
T M E T J C H X L I O O D H N A
V G A S O L I N E E N G I N E N
A C R V W A L Q F S Q O E E X T
I L S Z V Y G W G E S P L R C I
V X E Y R M R L B L O O I Y K T
E S A H K I N W E E S E F Y M H
M T T Q X L G D K N K T A C M E
Y T T Y D D I A O G N O R F Z F
L Y Y E T N Y C Q I Z M F S F T
B O P Q H E N Z L N R F X K U A
Y B E P I L O T B E A R I N G L
A W Y Z X C K X Z I Z R X U K A
D E C L A R A T I O N P A G E R
D N U M B E R O F S P E E D S M

GASOLINE ENGINE / DECLARATION PAGE / PILOT BEARINGREAR SEAT TYPE / ANTITHEFT ALARM / NUMBER OF SPEEDS / SUN SENSOR / DIESEL ENGINE / FF / CONSOLE

Puzzle 30

G	A	K	F	J	G	I	X	N	W	P	C	R	D	Q	V
B	B	E	F	T	W	Y	Q	W	E	P	C	A	J	F	K
N	O	B	D	I	M	K	D	I	Z	A	R	S	Q	Q	S
A	N	I	G	H	T	V	I	S	I	O	N	R	L	B	S
P	A	R	K	I	N	G	S	E	N	S	O	R	S	C	L
O	G	C	R	E	D	I	T	U	N	I	O	N	D	J	U
B	T	O	J	O	V	E	R	H	E	A	D	C	A	M	S
E	R	N	F	W	D	R	I	F	P	C	B	N	N	O	H
R	V	S	F	S	T	U	B	E	F	R	A	M	E	F	B
G	A	O	F	M	O	K	U	P	I	D	V	G	K	R	O
B	O	L	D	F	R	T	T	E	O	A	L	B	P	Y	X
E	X	E	M	L	S	B	O	K	E	V	T	D	S	C	U
H	T	R	A	I	L	E	R	W	I	R	I	N	G	V	N
J	I	S	J	L	Z	L	C	L	D	L	O	Q	F	P	E
W	R	E	S	I	D	U	A	L	V	A	L	U	E	Q	G
R	V	S	D	F	A	N	P	F	V	Z	N	P	Y	W	T

TRAILER WIRING / OVERHEAD CAM / NIGHTVISION / PARKING SENSORS / CREDIT UNION / TUBE FRAME / RESIDUAL VALUE / DISTRIBUTOR CAP / CONSOLE / SLUSHBOX

Puzzle 31

J	Y	A	D	Y	W	N	F	R	X	Y	E	B	V	I	I
T	R	C	B	G	Z	L	A	V	A	N	H	D	C	J	F
W	Y	O	R	I	D	E	H	E	I	G	H	T	O	J	Y
Z	L	N	A	J	R	S	R	G	R	C	K	S	H	B	N
B	X	V	K	W	S	C	N	D	B	E	R	V	U	M	N
R	X	E	E	A	O	E	R	Q	A	G	D	O	A	B	J
T	U	R	B	O	C	H	A	R	G	E	R	Y	R	A	Z
D	O	T	I	T	H	S	U	T	S	B	F	N	N	U	V
J	S	I	A	S	I	M	P	L	I	F	I	E	D	C	F
Z	W	B	S	A	L	V	R	O	T	B	B	Y	Z	A	V
M	T	L	K	C	D	E	N	H	B	U	T	X	V	U	A
E	W	E	K	T	S	V	Y	W	K	C	R	F	I	O	V
R	R	V	T	A	E	J	A	T	J	T	F	E	U	D	F
C	C	Z	S	T	A	B	I	L	I	Z	E	R	B	A	R
R	A	D	I	A	T	O	R	H	O	S	E	S	W	O	P
E	R	F	E	C	Z	C	Q	T	X	W	Z	M	J	C	Y

SIMPLIFIED / RADIATOR HOSES / RIDE HEIGHT / AIRBAGS / BRAKE BIAS / STABILIZER BAR / TURBOCHARGER / CONVERTIBLE / ENGINECHILD SEAT

Puzzle 32

J	U	P	L	U	G	I	N	V	E	H	I	C	L	E	B
P	G	J	N	Z	C	H	T	K	O	G	K	O	C	A	L
Y	L	W	U	U	A	E	C	X	V	W	P	N	C	Z	I
Z	D	S	R	O	R	A	S	S	N	A	L	V	H	O	O
I	W	K	B	F	B	T	X	J	X	D	J	E	E	I	X
K	P	N	X	H	O	E	L	M	H	B	O	R	V	G	A
W	R	R	C	K	N	R	M	L	N	E	I	T	N	F	L
B	K	T	V	K	M	E	P	K	W	S	P	I	F	F	U
N	A	J	Q	I	O	C	Z	C	Z	U	T	B	H	N	U
H	A	K	E	N	N	F	Z	K	R	S	W	L	A	A	S
Y	O	D	C	B	O	H	R	Q	E	S	B	E	M	N	B
J	I	N	J	N	X	J	B	T	R	Q	A	A	Q	X	Z
Q	A	E	Y	N	I	J	A	Y	J	O	W	A	Y	O	M
P	X	C	Z	Y	D	P	Q	M	W	Q	W	I	M	I	R
Z	B	T	I	R	E	D	I	A	M	E	T	E	R	H	N
C	L	F	O	U	R	W	H	E	E	L	D	R	I	F	T

EPA TESTING / FOURWHEEL DRIFT / TIRE DIAMETER / HEATER / PLUGIN VEHICLE / CARBON MONOXIDE / HATCHBACK / SPIFF / DEMO / CONVERTIBLE

Puzzle 33

B	R	I	F	S	C	D	Y	U	H	U	M	K	E	I	A
N	G	O	H	Q	C	A	R	B	U	R	E	T	O	R	N
T	Z	Z	Z	N	E	E	B	K	Z	W	M	T	N	P	E
Z	N	N	X	W	C	B	R	Z	J	R	O	L	W	Y	J
P	Q	Q	F	V	O	L	O	C	K	S	R	X	H	R	J
G	E	Y	Y	W	N	K	A	R	I	Y	Y	Q	R	T	W
N	T	L	A	K	V	T	D	E	L	U	S	Q	H	N	R
F	U	M	I	T	E	J	H	A	S	R	E	X	P	H	M
Q	G	J	Y	F	R	X	O	R	K	E	T	O	B	T	U
E	F	N	B	X	T	P	L	S	I	V	T	B	L	N	A
B	S	M	T	A	I	D	D	P	D	K	I	R	Y	G	T
B	L	K	U	W	B	M	I	O	P	R	N	L	V	G	G
P	O	Q	S	M	L	Z	N	I	L	H	G	K	V	U	W
W	S	M	O	K	E	D	G	L	A	S	S	E	U	L	P
O	W	F	T	U	X	C	M	E	T	B	D	T	D	F	L
X	J	F	E	H	L	N	Z	R	E	Z	T	W	A	V	E

LIFT / SQUAT / MEMORY SETTINGS / SKID PLATE / REAR SPOILER / ROAD HOLDING / CARBURETOR / LOCKS / SMOKED GLASS / CONVERTIBLE

Puzzle 34

E	U	K	H	I	C	L	C	W	S	Y	L	R	P	D	G
Q	A	I	R	C	O	N	D	I	T	I	O	N	I	N	G
P	E	D	A	L	A	D	J	U	S	T	M	E	N	T	H
K	U	N	S	W	V	W	V	Q	R	Z	L	T	U	D	C
F	R	D	I	S	P	O	S	I	T	I	O	N	F	E	E
Q	J	O	V	L	C	I	J	C	F	B	D	E	I	J	Y
G	N	J	V	F	L	Y	P	O	L	M	L	L	U	D	D
R	E	A	R	D	O	O	R	T	Y	P	E	E	X	V	J
L	Y	N	W	C	L	P	Y	S	F	J	U	G	U	S	R
I	H	B	F	U	E	L	F	I	L	L	E	R	C	A	P
M	G	T	R	R	G	Z	F	S	T	C	J	O	A	I	F
F	E	F	I	U	S	K	V	B	E	C	L	O	D	A	C
D	V	T	S	V	D	M	C	Q	R	B	C	M	M	S	V
D	A	B	Y	J	Z	D	P	S	K	I	D	P	A	D	O
Y	Y	X	M	Z	I	D	I	D	M	Y	D	O	X	J	O
W	V	D	O	N	D	R	F	S	A	G	X	D	A	M	T

AIR CONDITIONING / LEG ROOM / PEDAL ADJUSTMENT / DISPOSITION FEE / REAR DOOR TYPE / FUEL FILLER CAP / TIRE PROFILE / SKIDPAD / SMG / RR

Puzzle 35

U	E	Q	X	S	N	U	H	O	D	S	K	B	H	J	G
D	I	S	C	B	R	A	K	E	T	Y	P	E	F	R	H
U	V	V	B	Y	H	N	H	G	L	L	G	G	B	O	P
X	D	D	J	F	Y	Q	Z	A	F	S	E	G	X	O	C
S	U	S	P	E	N	S	I	O	N	F	L	U	I	D	B
E	X	H	A	U	S	T	M	A	N	I	F	O	L	D	R
K	Z	K	I	Z	Z	H	I	N	G	E	T	Y	P	E	A
C	R	Q	E	L	G	O	E	V	C	T	W	L	I	C	K
M	S	M	C	B	L	I	B	A	N	W	E	W	B	A	E
S	O	J	A	J	W	H	J	I	D	W	G	R	P	M	L
P	U	L	M	E	Z	K	O	U	W	L	D	T	K	S	I
S	R	N	K	M	A	J	C	L	Y	N	I	U	C	H	N
B	U	Z	C	V	M	F	E	Y	D	S	A	G	F	A	I
R	X	L	C	I	S	Q	P	D	B	E	M	J	H	F	N
Z	Y	Y	E	E	S	M	Z	K	J	T	R	I	D	T	G
U	N	H	T	V	M	K	J	U	F	V	E	D	O	T	S

HILL HOLDER / HINGE TYPE / HEIM JOINT / SUSPENSION FLUID / BRAKE LININGS / HEADLIGHTS / DISC BRAKE TYPE / CAMSHAFT / SULEV / EXHAUST MANIFOLD

Puzzle 36

S	L	Z	J	B	X	P	J	X	Y	Z	E	M	N	W	C
K	C	D	O	T	C	Y	Q	R	N	Y	U	T	P	Y	L
C	W	E	L	X	H	X	Y	E	S	R	J	N	L	G	T
I	Z	S	W	G	X	F	Y	P	E	Q	R	D	A	A	N
C	M	U	U	L	L	H	D	L	A	Q	Y	U	N	U	C
U	T	Q	P	E	L	K	T	A	T	A	Z	T	E	G	Y
Y	Q	S	X	O	Z	U	K	C	E	S	R	R	T	E	I
K	N	C	N	S	G	C	K	E	X	K	O	C	A	S	K
F	P	B	M	M	G	C	Q	M	T	T	W	F	R	H	J
M	D	T	V	A	A	W	U	E	E	T	C	J	Y	O	R
D	J	J	D	R	K	G	B	N	N	B	O	Y	G	E	R
Q	W	I	F	T	T	I	P	T	S	F	U	Q	E	Y	F
P	D	O	R	W	J	F	F	C	I	Q	N	R	A	G	S
M	O	B	R	A	K	E	B	O	O	S	T	E	R	S	V
R	L	H	V	Y	G	Y	B	S	N	A	O	R	S	G	D
R	V	H	K	C	N	F	O	T	T	Q	L	N	G	Z	X

SEAT EXTENSION / PLANETARY GEARS / GAUGES / REPLACEMENT COST / SMARTWAYFR / ROW COUNT / ROOF RACK / MPG / BRAKE BOOSTER

Puzzle 37

N	M	A	D	F	X	A	I	S	E	Z	W	Y	H	H	S
X	B	X	I	E	Y	T	K	S	O	I	R	B	O	P	Z
Y	N	E	S	O	Z	O	C	V	I	Q	G	H	X	G	U
Z	Q	A	H	Z	O	B	E	I	C	B	N	D	Y	G	R
T	T	M	U	H	N	Z	V	L	I	G	L	S	G	G	T
H	P	P	W	L	P	Q	B	Y	E	T	C	O	E	B	S
A	G	O	W	T	X	Z	B	M	W	G	I	W	N	V	S
L	T	R	A	N	S	M	I	S	S	I	O	N	S	U	L
T	E	I	B	N	F	U	E	L	S	Y	S	T	E	M	F
U	T	N	P	W	T	B	I	N	A	R	X	T	N	V	V
E	L	L	E	A	D	I	N	G	L	I	N	K	S	J	M
S	A	T	E	L	L	I	T	E	R	A	D	I	O	R	U
W	B	G	S	P	Y	Q	D	H	S	A	Y	F	R	Z	M
F	S	T	O	R	A	G	E	M	E	D	I	A	N	I	H
D	Z	E	J	F	R	Y	C	X	P	F	Q	Z	K	S	R
H	J	S	M	V	C	O	N	V	E	R	T	I	B	L	E

ANTITHEFT / SATELLITE RADIO / STORAGE MEDIA / FUEL SYSTEM / TRANSMISSION / OXYGEN SENSOR / CONVERTIBLE / LEADING LINK / TOW HOOKS /

Puzzle 38

P O S T C R A S H S A F E T Y J
T P P B J C C E S C K X U D O O
U K A C F Z X X Z E G R J S L U
X M S H Z C E H R N X P X P S N
H D S H O P V A C I C B T W U C
U Y E K A S P U Z Y G H Q V N E
J B N F J S Y S F P L L C I S B
K W G N R E C T Y Y L I C Q H U
D Q E Q V Q Y P C O Z V N F A M
H U R N O C T O J I F X A D D P
T J V A H P U R G E V A L V E E
H L O C K U P T F P A I W O F R
G L L P O H H N W C M E P T E Q
A F U O C W T D W G V J Q W Z Y
N J M S O H C N F B B S A X G F
K N E D P P V T U R L D O I S Y

PASSENGER VOLUME / LOCKUP / JOUNCE BUMPER / EXHAUST PORT / APEX / PURGE VALVE / SUNSHADE / SPARE / CYLINDER / POSTCRASH SAFETY

Puzzle 39

Z	C	S	H	I	F	T	L	I	N	K	A	G	E	E	Q
C	Q	O	Y	H	F	V	Y	O	V	S	P	B	E	D	J
E	E	C	M	P	U	X	I	O	X	M	P	D	B	Q	P
C	M	O	L	P	K	T	M	Y	X	A	Q	D	J	V	P
A	B	I	P	O	A	P	E	E	L	F	Q	J	P	Z	N
K	K	H	S	N	S	S	E	M	M	W	R	P	S	K	K
F	R	E	O	S	K	E	S	E	N	G	U	U	E	W	N
H	W	T	L	Y	I	Q	R	P	M	L	Z	S	Y	L	Z
O	E	M	S	M	N	O	Q	X	Y	X	K	I	F	F	Y
D	N	G	A	C	G	D	N	V	F	I	N	X	Z	H	A
O	G	G	Q	Z	P	L	Z	S	G	D	S	L	B	P	X
V	B	E	V	E	R	A	G	E	C	O	O	L	E	R	H
M	E	C	R	N	I	O	K	J	K	W	P	D	F	Q	A
O	T	E	Q	J	C	R	L	R	T	J	U	F	R	K	N
L	E	S	S	E	E	O	B	L	N	X	J	B	B	T	W
Q	N	D	W	V	T	K	H	T	Q	C	E	S	W	Z	O

LESSEE / RPM / ROLL / BEVERAGE COOLER / DETONATION / ASKING PRICE / COMPASS / EMISSIONS / CLOSER / SHIFT LINKAGE

Puzzle 40

Q	Y	T	H	T	E	Z	E	T	W	V	F	S	M	W	R
N	N	Y	F	O	B	Y	B	R	A	K	E	P	A	D	S
R	W	S	L	E	P	K	R	J	C	K	B	I	C	P	T
F	C	U	Y	C	I	Z	E	G	O	H	R	C	S	Q	F
V	I	I	W	O	S	I	A	D	O	J	A	W	C	X	F
B	G	B	H	N	Z	L	K	R	L	Z	N	S	Q	T	F
E	X	O	E	T	U	O	O	I	E	W	D	Q	S	G	C
D	X	L	E	R	E	X	V	V	D	L	E	L	V	I	H
V	D	S	L	O	G	J	E	E	S	E	D	K	F	N	S
H	N	T	C	L	B	L	R	S	E	J	T	U	Q	V	R
G	A	E	X	L	V	V	A	Y	A	R	I	Y	R	L	F
F	Y	R	Y	I	A	T	N	S	T	Q	T	L	R	Q	W
H	P	I	V	N	Y	J	G	T	S	N	L	A	T	O	X
I	N	N	C	K	M	R	L	E	L	N	E	A	L	D	E
R	S	G	E	Z	O	I	E	M	M	J	L	X	D	A	Z
K	Q	E	Z	L	I	Q	F	C	O	X	S	W	M	J	H

TOECONTROL LINK / BREAKOVER ANGLE / FLYWHEEL / FIBERGLASS / COOLED SEATS / CHASSIS / BOLSTERING / BRANDED TITLE / BRAKE PADS / DRIVE SYSTEM

Puzzle 41

I	N	S	T	R	U	M	E	N	T	A	T	I	O	N	M
M	A	X	P	V	M	D	W	A	V	R	W	W	D	E	G
B	B	M	R	O	P	E	A	L	S	E	Z	S	T	R	Z
K	I	T	O	U	C	P	G	G	I	D	Q	S	S	A	R
L	E	A	F	S	P	R	I	N	G	G	Y	X	F	Y	I
Q	T	S	I	G	S	E	U	S	F	S	H	A	R	V	M
N	H	B	L	B	E	C	D	M	E	N	M	R	C	W	P
Q	V	C	E	A	C	I	R	L	P	L	J	L	X	J	C
F	T	O	V	S	I	A	T	U	Z	L	Z	S	R	C	L
T	P	M	K	E	W	T	Q	I	B	Q	E	V	N	S	L
O	W	P	M	P	O	I	B	D	X	R	E	Z	H	W	W
D	I	A	T	R	G	O	T	L	T	F	A	D	O	V	U
O	R	C	H	I	C	N	A	F	Y	L	D	D	T	N	P
J	Q	T	A	C	H	O	M	E	T	E	R	Q	I	R	E
X	J	H	V	E	C	O	K	G	P	Q	H	R	P	U	W
W	W	Q	K	X	R	Z	E	J	A	X	Y	S	D	D	S

TACHOMETER / SCRUB RADIUS / COMPACT / THROTTLE SYSTEM / BASE PRICE / INSTRUMENTATION / LEAF SPRING / PROFILE / DEPRECIATION / CRUMPLE ZONE

Puzzle 42

R	V	G	T	E	L	E	M	A	T	I	C	S	F	S	N
N	J	A	H	H	D	O	W	N	P	A	Y	M	E	N	T
K	J	K	H	S	O	D	G	L	V	Q	D	W	D	W	B
R	C	C	A	R	B	O	N	D	I	O	X	I	D	E	Z
C	H	B	P	P	O	F	B	D	B	B	G	C	I	T	R
H	U	I	S	E	C	Q	A	J	G	N	Q	N	Y	C	I
Q	H	V	L	J	X	P	Z	G	U	V	E	G	O	C	F
F	T	H	J	E	W	C	U	J	N	Z	I	C	X	U	C
X	R	P	R	E	C	R	A	S	H	S	Y	S	T	E	M
C	B	S	K	C	L	U	T	C	H	F	L	U	I	D	L
Q	Z	W	R	A	N	T	E	N	N	A	T	Y	P	E	A
Z	X	Z	W	C	A	Y	E	B	T	I	D	U	F	G	G
I	M	A	U	B	L	S	X	M	E	M	J	U	T	C	I
E	N	T	R	Y	L	I	G	H	T	I	N	G	N	M	V
C	M	N	D	G	E	T	T	I	P	O	H	V	M	D	C
E	Z	B	Q	P	G	Z	M	S	P	O	J	H	R	Z	Q

ANTENNA TYPE / PRECRASH SYSTEM / DOWN PAYMENT / CARBON DIOXIDE / ENTRY LIGHTING / CLUTCH FLUID / PUSH / TELEMATICS / ATTS /

Puzzle 43

D	P	O	H	I	C	B	E	G	W	O	M	D	Q	M	B
J	K	N	A	Y	U	X	J	O	K	A	Z	K	B	V	K
U	Z	C	L	C	V	A	I	V	B	D	A	Q	C	U	F
Z	X	E	D	A	R	Q	H	P	J	O	H	B	O	X	T
P	I	N	E	R	Z	I	T	V	H	B	C	O	K	I	Q
D	G	T	X	H	H	X	I	E	U	E	O	P	O	J	L
D	Z	E	C	S	L	N	R	U	K	L	M	S	V	U	L
K	C	R	L	M	U	L	E	I	L	Q	P	I	U	Y	D
L	N	F	U	L	L	S	I	Z	E	C	A	R	S	B	M
B	H	E	T	C	Q	D	N	G	V	G	C	A	O	I	L
J	Y	E	C	O	U	B	F	Q	H	D	T	P	N	E	S
E	U	L	H	M	O	N	L	A	Q	T	F	Z	P	G	R
Y	M	N	I	U	R	N	A	L	W	T	B	A	L	K	C
Z	X	N	I	Y	E	W	T	T	X	M	P	A	C	P	G
J	I	I	W	C	H	P	O	I	O	H	I	X	R	A	T
W	S	I	D	E	A	I	R	B	A	G	S	K	U	B	E

ONCENTER FEEL / LIGHT BAR / FULLSIZE CAR / LEV / TIRE INFLATOR / HALDEX CLUTCH / COMPACT / PSI / SIDE AIRBAGS / HEMI

Puzzle 44

B	X	R	M	F	Y	V	V	K	W	P	T	I	I	L	E
T	O	Z	G	D	Q	Y	D	P	P	G	V	N	D	S	L
G	U	C	P	A	E	E	O	C	N	D	G	T	S	D	L
Q	C	H	O	K	E	L	I	N	K	A	G	E	G	G	E
R	O	Y	Y	Y	G	V	O	X	W	H	R	L	Y	A	A
D	T	R	C	W	Z	D	D	J	D	I	B	L	M	S	S
D	H	H	O	Z	E	M	M	C	W	W	N	I	I	G	E
M	B	Q	H	O	W	M	Q	G	R	W	G	G	H	U	I
C	B	L	M	F	F	N	U	A	D	T	M	E	P	Z	N
B	U	R	R	G	Q	L	C	L	U	K	K	N	V	Z	C
H	A	G	R	G	P	Q	I	T	M	E	G	T	V	L	E
F	G	O	S	K	H	Y	B	N	T	U	V	C	W	E	N
A	V	Q	R	F	G	Z	P	L	E	L	X	A	R	R	T
F	E	A	L	Z	S	U	M	P	W	T	N	R	Z	T	I
A	P	A	Y	O	F	F	A	M	O	U	N	T	K	A	V
S	T	E	E	R	I	N	G	G	E	A	R	B	O	X	E

CHOKE LINKAGE / GAS GUZZLER TAX / ROOFLINE / SUMP / SPARK PLUG WIRES / STEERING GEARBOX / INTELLIGENT CAR / LEASE INCENTIVE / PAYOFF AMOUNT / DSG

Puzzle 45

Q	F	G	C	M	V	Z	T	W	K	O	A	L	W	B	X
R	Z	V	Z	E	N	Q	G	U	S	Q	B	I	H	O	Z
V	R	V	Q	R	F	S	O	S	A	N	W	M	V	L	O
F	K	Q	L	X	U	D	E	E	B	C	Y	I	A	P	O
P	R	K	O	Z	E	P	V	R	Z	L	K	T	C	W	T
K	T	B	A	S	L	I	T	P	B	J	F	E	J	I	R
M	Z	N	D	Q	T	S	H	E	R	G	Q	D	X	O	M
A	M	B	H	N	Y	T	G	N	U	D	F	W	Z	H	S
P	O	C	E	A	P	O	R	T	S	E	M	A	I	X	D
U	Z	C	I	S	E	N	T	I	H	H	C	R	O	B	B
D	N	T	G	I	O	W	J	N	G	E	A	R	S	E	T
I	S	X	H	R	V	P	N	E	U	K	X	A	Q	T	C
J	Z	W	T	L	U	X	T	B	A	T	T	N	N	I	T
T	D	O	D	Y	E	Z	H	E	R	A	G	T	Q	Y	H
U	N	H	P	K	B	B	A	L	D	F	T	Y	O	F	P
I	V	P	V	C	W	K	D	T	R	A	D	E	I	N	X

FUEL TYPE / INCENTIVE / LOAD HEIGHT / SERPENTINE BELT / HVAC / TRADEIN / LIMITED WARRANTY / GEARSET / BRUSH GUARD / PISTON

Puzzle 46

H	A	V	H	Y	B	R	I	D	E	N	G	I	N	E	P
J	S	E	M	I	S	S	I	O	N	S	S	C	O	R	E
W	L	Y	C	A	R	G	O	H	A	U	L	E	R	L	D
C	X	C	E	B	P	S	S	M	W	E	S	Z	B	M	E
D	T	Q	L	A	Y	S	U	P	C	I	Q	W	B	H	W
B	S	P	U	X	W	J	T	T	L	H	N	H	X	W	E
F	D	A	U	D	I	O	F	O	R	M	A	T			
I	Y	J	K	F	Z	G	Z	Y	R	N	I	M	E	V	L
I	S	T	E	E	R	I	N	G	D	A	M	P	E	R	Z
K	V	K	L	A	C	E	D	P	V	K	G	H	R	J	D
C	B	D	R	I	V	E	O	F	F	F	E	E	S	Q	K
Y	I	X	S	R	W	Q	C	M	P	V	L	J	N	W	X
Z	Y	H	M	B	A	T	T	B	D	F	U	T	P	V	R
W	V	V	M	A	R	B	X	D	F	K	H	N	F	I	Z
M	I	U	C	G	Y	M	I	U	K	W	Q	B	X	R	W
E	D	Y	H	S	U	L	M	Q	T	A	X	W	U	A	V

DRIVEOFF FEES / AIRBAGS / MAP STORAGE / AUDIO FORMAT / EMISSIONS SCORE / WINTER / MUFFLER / CARGO HAULER / HYBRID ENGINE / STEERING DAMPER

Puzzle 47

A	F	N	R	K	Q	S	U	B	P	R	I	M	E	A	U
N	R	V	D	N	J	U	G	S	U	V	D	O	V	X	I
H	U	R	O	I	A	P	R	N	Y	M	L	N	Z	K	L
Z	G	A	B	Y	N	E	O	O	U	N	O	E	I	D	T
K	F	N	R	Z	T	R	U	W	Z	Z	Q	Y	V	V	Y
M	V	D	A	O	I	C	N	P	E	P	G	F	M	X	O
E	Y	Q	K	P	T	H	D	L	I	R	O	A	L	V	F
T	W	P	I	M	H	A	E	O	U	P	X	C	P	E	O
I	Y	V	N	Q	E	R	F	W	E	M	Y	T	D	C	L
I	N	A	G	R	F	G	F	P	U	Y	V	O	T	P	E
L	O	E	A	L	T	E	E	R	C	Y	I	R	A	B	O
R	A	C	S	Y	C	R	C	E	O	Q	J	I	L	D	K
K	I	K	S	W	O	G	T	P	V	Y	S	V	T	D	Z
A	B	L	I	N	D	S	P	O	T	C	U	U	K	O	G
D	X	C	S	O	E	T	H	K	B	C	D	P	M	I	L
U	B	G	T	T	S	P	V	C	K	I	F	U	O	A	C

BRAKING ASSIST / SUPERCHARGER / ANTITHEFT CODES / SUV / BLIND SPOT / MONEY FACTOR / SUBPRIME / SNOWPLOW PREP / POWER / GROUND EFFECT

Puzzle 48

A	F	D	F	D	O	C	C	G	K	P	D	Q	K	F	S
Q	X	Q	O	M	J	C	S	B	W	F	K	C	R	H	S
G	E	N	R	S	G	F	R	O	F	O	U	R	S	H	O
O	G	Z	C	X	X	B	F	I	L	R	I	C	O	F	G
L	I	V	E	A	X	L	E	L	T	Y	T	J	Y	S	X
U	K	A	D	F	B	K	K	Z	U	A	R	F	C	S	B
V	B	O	I	E	V	W	H	N	M	P	E	I	C	K	V
W	Y	N	N	Z	U	T	P	E	B	H	A	N	W	U	N
D	O	A	D	X	N	N	C	Z	L	E	D	A	F	T	G
T	D	S	U	H	C	N	Q	E	E	I	S	N	R	A	F
I	D	W	C	K	F	H	X	L	H	V	Q	C	F	B	N
K	Q	V	T	Y	U	A	M	Y	O	E	U	E	B	P	E
J	H	M	I	Q	Q	Q	R	L	M	W	I	R	C	J	R
U	G	R	O	U	N	D	C	L	E	A	R	A	N	C	E
Q	C	W	N	X	I	I	B	S	P	H	M	T	R	H	O
W	E	V	T	W	B	I	O	D	I	E	S	E	L	D	T

TUMBLEHOME / GROUND CLEARANCE / FINANCE RATE / TCS / PZEV / TRUCK / TREAD SQUIRM / LIVE AXLE / FORCED INDUCTION / BIODIESEL

Puzzle 49

N	L	Z	E	A	W	M	Z	K	R	T	T	H	V	L	J
P	J	T	B	A	A	D	Q	L	F	N	L	K	S	J	V
J	I	R	D	I	C	K	C	T	A	E	M	F	K	H	G
L	L	H	L	L	A	L	R	L	S	A	Y	J	V	N	Z
P	M	A	T	P	P	I	O	K	P	R	C	G	E	H	Z
X	O	N	U	T	T	O	E	S	T	E	E	R	I	S	H
F	T	D	Z	Z	C	A	L	I	P	E	R	T	Y	P	E
H	I	S	T	I	C	K	E	R	P	R	I	C	E	O	A
J	S	F	Q	Q	F	Z	H	W	C	E	S	S	P	I	T
V	Z	R	W	W	U	I	E	V	C	D	R	V	M	L	E
D	Q	E	M	T	R	I	P	C	O	M	P	U	T	E	R
I	F	E	P	R	M	M	H	F	N	Q	U	Z	L	R	H
D	Z	I	E	A	U	E	W	F	S	Y	J	I	X	F	O
Q	C	M	G	C	A	U	E	C	O	I	V	O	X	P	S
F	F	I	P	K	J	B	X	I	L	E	F	N	Y	W	E
Q	P	Y	R	D	Z	H	K	V	E	K	U	Y	Q	Z	S

HEATER HOSES / HANDSFREE / TOE STEER / CONSOLE / CALIPER TYPE / STICKER PRICE / COOLANT / SPOILER / TRACK / TRIP COMPUTER

Puzzle 50

Q	I	R	C	M	W	B	N	R	T	G	A	C	K	V	P
K	B	I	G	P	O	V	E	R	D	R	I	V	E	L	P
B	P	O	G	O	M	E	R	A	O	C	R	Z	P	R	N
Q	O	C	L	N	T	F	D	H	I	K	F	S	X	J	G
E	F	R	L	S	I	B	G	T	D	E	I	M	W	L	H
N	C	E	E	T	E	T	L	C	L	L	L	I	Y	O	D
P	O	D	U	K	K	H	I	O	T	X	T	F	S	R	F
I	I	I	K	H	F	Y	S	O	H	J	R	V	C	U	B
R	I	T	X	D	K	N	D	L	N	X	A	Y	J	Y	V
C	O	S	Q	R	O	R	W	A	M	T	T	K	P	R	T
P	I	C	U	C	I	X	G	N	M	A	I	P	S	J	B
V	N	O	L	N	G	W	Q	T	A	G	O	M	I	O	T
K	F	R	W	Q	N	H	K	X	L	N	N	C	I	U	I
T	P	E	J	C	F	R	L	S	T	R	U	T	J	N	J
C	B	T	C	G	D	P	P	U	O	K	K	W	X	C	G
O	L	G	S	E	P	S	G	N	S	F	R	Y	X	E	U

AIR FILTRATION / CONSOLE / OVERDRIVE / CREDIT SCORE / RIDE STEER / STRUT / JOUNCECOOLANT / IGNITION TIMING / BORE /

Puzzle 1

B M P A A O M Q J V L L Y P H P A

F Q H U F G K G W J K D T Z C V I

P L V H R I D D F W Q Z F G Y U G

D Z S O L A R S U N R O O F Y A N

Z F W G F C U D F C N P W J Q J I

D M I J R Q X M D R I V E B E L T

D P J Q O U L B Q C K Q Z U L A I

C W J P O I P C X F P Y B A R G O

T Q O W F S V H V P B I C N V P N

P L U S S I Z E W H E E L S M Q S

U S N U P T M M N V R W G L U Z Y

O X F M O I E R O C Y D W U A M S

T P I E I O E Y P A U D Z H E R T

S D O D L N L X J U X G K P D J E

Y T Q J E F T Z G T F D I Q X R M

U E K Y R E A R D E F R O S T E R

Y H Z L N E U R Y K S W I Y P A O

Puzzle 2

S T R O K E U R N A Z J X S V L

P O M Y J V S Y X E V W I B M U

N B L U M B A R S U P P O R T B

H E N A M C S S Z U F S X G O E

C U Y G R I V N T E X W R H E V

D M T E E P T N X B S F J J F E

X T Y O N A O G Z Y G U N D L L

D Y Z H D G R W Q V V N P N O G

B A Z K I N J B E P O Z Y T O E

V P E X T E R I O R C A M E R A

K P S I Y J Y Q A X U N P Y P R

L O O N K D L N M G O Q T K L S

Y O D A I N D I V I D U A L A G

M N W B C N C P G O L A F W N S

O X B A M C N Q K C X J D S F Y

A B W T H H D L P N L A V W W B

Puzzle 3

G B Y T C B E D F E A T U R E S
O Y B A W N P C D Q N F V A O P
L I A A Y G B R A X F R I I Y E
Z F I C W H W J A E Z E W Q L N
P V Y L R V S X S E I X J B Z E
Z H M Y T D E A T H B R A K E U
V C A R B O N F O O T P R I N T
R O K Z M Y S H O Y A A W Z C R
E B E L C H F R N C G B M E U A
Y X X K T F F I G F B Q V I A L
T J G U X W L N F G T E I O X S
A X L E D R I V E F L U I D Z T
S C I L M W N M I I D T J Q O E
H Q T T O Y K Z V T H M H G L E
E P Z T O T O R Q U E S T E E R
F P J N T N D A T P D Z W Z A Q

Puzzle 4

F E I X Q D R Q P Y U B K Y S Z
L Y U F F X E Z Q F V N U T T O
H E A D U N I T S J X L H Q R T
F V A W P W C M A H K G Z E A S
X T D W A B R J C A I F T S I S
V P W C X R B P X L Q L U F L T
P X E J C K E E G E I R F F B D
P B K V H F C N L F N S A D R I
U G F K C S I M E T J X R Z A N
Y X I G S R W R N S L M N R K A
U R B I E S P N G N S I L T I M
P K C N X L A C Z S V A N P N F
X C R X E T X K W W V W I E G N
Q O U U C T F K T A K U V D R E
C G F I C O B J M F J R T O S U
R N L E V P R O G R A M L C S U

Puzzle 5

L	K	R	D	K	Z	Z	X	N	L	X	G	J	A	T	K
V	W	B	Q	X	X	L	K	E	U	U	Y	B	L	X	M
J	F	P	X	N	M	U	D	O	I	Y	G	M	A	S	M
T	M	Y	R	N	U	D	R	F	B	T	O	O	T	M	Z
O	Z	H	Y	P	D	R	I	V	E	L	I	N	E	E	B
W	Q	Y	O	A	I	T	V	T	D	F	V	O	R	M	Y
U	X	L	E	Y	S	L	I	N	H	A	U	C	A	V	V
S	U	T	Q	J	C	O	N	M	H	K	I	O	L	C	Q
P	C	N	J	Q	C	T	G	R	I	Y	J	Q	L	P	V
U	O	N	J	A	H	V	L	L	H	N	H	U	I	D	H
A	U	F	U	H	A	P	I	T	C	H	G	E	N	C	T
R	O	C	P	S	N	G	G	W	B	K	C	B	K	W	O
J	W	L	G	W	G	N	H	A	E	D	Z	N	E	L	Z
A	Y	J	P	I	E	I	T	P	I	Q	X	H	V	L	M
G	B	H	Q	L	R	H	S	P	C	O	O	L	A	N	T
S	O	T	U	L	P	O	I	T	D	Y	U	D	D	D	O

Puzzle 6

E	W	Z	L	L	X	D	I	F	Y	E	N	D	N	I	P
K	S	E	Q	O	Z	X	O	L	Y	V	A	N	H	V	I
L	J	Q	M	R	X	M	U	Q	P	W	L	D	K	B	I
P	G	C	O	O	L	E	D	S	E	A	T	S	R	G	J
Z	D	R	A	G	C	O	E	F	F	I	C	I	E	N	T
E	E	U	Y	L	K	I	C	K	D	O	W	N	Z	M	C
T	A	I	L	L	I	G	H	T	S	C	U	X	D	W	B
T	W	S	I	D	E	P	O	C	K	E	T	S	W	X	N
G	J	E	Z	Y	D	M	K	B	X	M	L	D	G	P	O
Y	M	C	E	L	N	G	X	Z	R	N	A	V	Y	H	H
I	H	O	F	F	R	O	A	D	L	O	S	J	E	Z	Z
M	I	N	I	V	A	N	Z	G	L	B	L	B	X	O	P
R	N	T	H	O	X	O	P	Y	L	I	R	P	G	S	L
D	E	R	E	C	S	Q	A	A	S	X	L	P	Z	N	Y
K	C	O	E	Z	K	P	I	L	L	A	R	C	W	H	Q
S	K	L	U	R	A	K	S	O	T	H	N	D	W	G	Y

Puzzle 7

```
S H O C K A B S O R B E R L G W
C T Z O L M S E B K V X X Y O V
K H A O O E H V A C V S W C H V
N A X L E R A T I O L A N Y B T
K Y P A R A L L E L H Y B R I D
C Z R N J R I M C O J H N L O X
C P I T H T W Q T W B T P H M W
K P V T R C U R B W E I G H T W
B R A K E M O D U L A T I O N C
M E C X D S Q M T D I M V U J Z
O X Y Y Q I W U P E F N X Q B A
A F G E T N W P L A L Y E R D B
F W L M I D S I Z E C A R Q J G
Z G A I X Z M Z L U B T Y G H H
C R S Q O Z S H Y T N D Z H M H
R X S O V R Q U S C F S U C B N
```

Puzzle 8

```
D S E E M P P T U I W J R F M J
I R F C D H E L H O R F A X T V
D E A L E R H O L D B A C K I X
J N C I T M I C A T P J A F M T
G E T M C B Q K O X F X K H T S
P W O A O A Y C E O V T K W Z D
X A R T I F S Y U Z C C S O I O
E B Y E J A X L E T R A M P J W
P L T C K N B I Z U S L T Q P F
M E U O S J S N I K D X T M G R
M E N N D U L D F R A B U F L T
U N E T F Z N E E Z I P X D D P
U E R R Z D U R E D L I N E P S
Z R F O Y L G S O I Q D E C H C
W G I L U R F H O O X K G K O I
B Y D R I V E S H A F T G U P Q
```

Puzzle 9

```
D Q C O M P A C T L J B C H R L
C T A P L Q T M N K X C E S L T
B F R U E R J P V O B Q P W U I
S L G X N M Z O R G F Y T G G N
J I O K N M L W W M K W G O G W
K Y T C W X A E C A P I A O A Z
X X I L K Y M R V L N Q I B G L
A O E F S H J T X W R Y P P E S
J I D X R G E R Y B H Y V N C P
N N O X K N X A A U D B G B A X
L W W L W H G I T O R Q U E P K
E M N X B H I N B E T O E Y A U
H S S G T Q M Z S H R V A V C W
X S E R I E S H Y B R I D J I N
V Y M L P U Y R R C X M I E T R
Z T C A U N U D U J M E A K Y K
```

Puzzle 10

```
H Z M C S G K I S O F L I K K I
M H Z F Y L F S A K H T M T X N
S K O O H K U Q R T C P R D Q V
D W V U Q Y R B G S T A N I O H
K G V R O Q V N G U T R R V P D
Z B J W F I E S X S R K E E C A
G U O H U L T F E P A I W R O M
E D D E D U H T B E I N Y T O P
R F Y E M L O O Z N L G R E L E
O O B L T M Z C D S E A O R E N
T R M D E H X A M I R S V V D I
Y Z T R R A A Z J O H S N A S N
S L J I N A K N D N I I G L E G
V H J V F P G Z O V T S Q V A C
H K M E R X H O D L C T S E T F
E U K P P D W C P O H C E Q S K
```

Puzzle 11

A F L E X F U E L E N G I N E B

G N O A T D R D Q D E N H Z O M

C M F D N C P R N T X J U J C F

C L D T E E Q I Z W K A R O F U

H T E Y K T W V L D T A S P U E

L W D O G C L A G L E W S P E L

Q P H F Z K J B T Q A A S O B E

C C V Z W J F I I C V R D S F C

B I K H Z G O L Q X H N O I P O

G M A S S A G I N G S E A T S N

D Y A Q D Z L T Y I T D A E Z O

S J B D K T I Y C L A Q R L W M

G H G T T M G C M D V Y W O Z Y

F G J W U M H Y I K P P F C N N

E G R S Y S T E M U L D F K M G

E K V S F P S H A N W W L E E E

Puzzle 12

F M P T G H C Z E I N V V S X I

Z F U E L C O N S U M P T I O N

D E Y Q I O H S E D A N F M S T

L L R X L I P S P O I L E R H E

L C Y U B Y G H N T N A G M O R

H O P K N E E A I R B A G S U I

D K L I G F D M V F E E S L L O

X D U J D R L Q E K A H V V D R

E O B K L X P A L K R F D X E T

M I U Y E U A C T E I M O Z R R

D R V O Q I J T L Q N D A O R I

S Z N T V B R A W X G U X R O M

A P G S Q R A C G T S C A U O B

V K M V F U K L V M J J K W M Y

A T T S U N I T F L U I D H U A

R Y I T M T Z L Z M L F L T A A

Puzzle 13

U	T	M	O	N	T	H	L	Y	P	A	Y	M	E	N	T
Z	I	G	S	E	W	F	V	P	I	B	T	S	I	P	M
J	N	F	O	W	Y	N	V	G	Y	K	A	C	N	H	O
S	E	A	T	I	N	G	C	A	P	A	C	I	T	Y	N
T	J	X	A	I	R	P	U	M	P	F	I	L	T	E	R
Z	E	K	F	M	R	W	S	S	U	D	V	W	L	Y	O
G	P	R	E	C	R	A	S	H	S	A	F	E	T	Y	N
G	B	F	U	G	X	U	L	N	H	Z	U	T	V	C	E
H	C	A	R	G	O	D	O	O	R	T	Y	P	E	H	Y
O	O	R	W	T	D	E	D	A	O	N	S	E	F	J	S
A	M	J	M	L	U	W	M	C	D	Z	C	A	F	S	T
X	P	P	A	R	K	I	N	G	L	I	G	H	T	S	I
F	A	S	X	B	P	L	V	G	F	P	F	C	C	X	C
E	S	H	O	T	O	C	M	P	H	I	A	G	U	F	K
P	S	O	V	O	L	G	Y	I	P	R	O	U	N	U	E
E	X	G	R	T	R	I	M	L	E	V	E	L	U	P	R

Puzzle 14

C	E	C	X	F	Q	Q	U	C	E	H	N	N	F	L	N
T	R	A	C	T	I	O	N	C	O	N	T	R	O	L	Q
R	R	G	B	M	L	V	W	D	V	R	S	J	Z	T	U
T	T	A	N	F	M	W	T	Q	Z	E	A	K	V	H	K
Y	Z	W	N	I	Q	I	I	N	I	A	A	R	I	G	T
K	Y	H	V	S	I	K	N	T	Z	R	A	Z	R	W	B
G	B	C	P	O	A	L	E	V	V	B	A	I	K	L	F
L	N	O	E	P	A	X	F	B	S	R	O	N	X	W	F
Z	V	J	Z	M	H	G	L	H	Y	A	B	U	V	O	O
C	G	M	X	Y	I	I	M	E	M	K	U	B	W	V	F
I	E	L	E	C	T	R	I	C	V	E	H	I	C	L	E
N	B	Q	O	L	I	I	O	N	Y	T	U	R	N	I	N
W	A	R	J	Y	E	Y	D	O	M	Y	K	U	L	R	A
Y	M	F	L	U	I	D	C	O	U	P	L	I	N	G	W
C	P	Y	O	X	M	B	R	A	K	E	F	L	U	I	D
J	P	X	Q	L	B	T	O	E	I	N	Y	L	A	D	G

Puzzle 15

N	I	P	Y	S	K	Z	O	N	W	J	C	D	X	V	B
D	L	H	I	H	X	L	B	L	Y	T	L	S	I	G	I
X	Q	E	N	I	H	R	A	Q	K	B	U	G	T	D	D
C	U	A	T	F	D	T	C	C	M	J	T	N	U	I	P
Y	V	T	A	T	W	A	K	Y	Z	S	C	M	U	E	A
J	Q	E	K	P	N	J	F	H	W	F	H	Z	S	B	R
B	X	D	E	R	A	I	I	C	I	S	P	A	V	H	I
V	L	M	P	O	W	E	R	S	T	E	E	R	I	N	G
Z	I	I	O	T	R	L	E	U	P	L	D	C	P	M	B
N	G	R	R	O	J	D	T	Y	L	E	A	Q	K	V	Q
E	O	R	T	C	T	R	T	A	N	V	L	B	V	N	X
Q	H	O	X	O	F	D	I	L	H	F	Y	Q	F	R	V
B	Q	R	M	L	E	C	Z	R	D	V	O	W	O	Y	S
I	Z	S	Q	B	E	E	A	H	S	I	U	Q	P	G	R
W	U	Q	B	P	X	E	X	V	N	K	S	A	P	N	B
T	N	S	S	D	R	U	M	B	R	A	K	E	S	N	Y

Puzzle 16

S	E	C	U	R	I	T	Y	D	E	P	O	S	I	T	O
A	D	R	I	V	E	A	X	L	E	B	O	O	T	S	F
N	B	O	B	C	F	G	F	W	G	G	F	Z	T	R	F
C	P	S	R	I	H	F	F	N	N	A	I	A	B	H	B
Q	Z	K	A	J	U	M	I	I	R	V	E	L	A	V	K
E	D	D	U	M	H	D	R	B	I	S	V	Y	L	R	B
G	S	Z	H	O	O	L	T	V	D	D	P	F	L	C	M
G	V	E	F	X	I	E	L	E	L	T	H	V	J	V	Y
D	B	C	S	O	O	M	L	A	E	D	Z	T	O	J	V
B	S	Y	D	C	M	O	B	C	S	H	S	U	I	O	Z
G	O	Y	Q	O	O	N	Q	C	P	Y	E	R	N	I	K
E	K	F	H	C	O	X	E	V	E	Z	S	B	T	N	R
C	A	P	I	T	A	L	I	Z	E	D	C	O	S	T	D
T	E	U	H	R	C	T	V	I	D	M	P	L	W	S	R
O	D	L	E	X	X	F	V	L	W	I	T	A	V	N	O
W	H	H	Z	I	D	U	U	W	G	Y	A	G	E	I	B

Puzzle 17

L	S	D	B	Q	A	K	G	Y	O	Y	D	V	N	P	E
R	S	E	A	T	B	A	C	K	S	T	O	R	A	G	E
Z	Y	M	T	D	E	A	D	P	E	D	A	L	U	W	H
N	I	I	B	E	D	L	I	N	E	R	P	H	K	M	F
A	L	W	M	M	D	C	Q	B	O	T	R	E	D	B	O
E	G	A	N	T	I	L	O	C	K	B	R	A	K	E	S
H	X	I	X	H	M	D	P	H	U	R	V	D	V	8	N
I	R	R	F	U	E	L	F	I	L	T	E	R	V	5	W
M	I	F	X	S	N	Z	B	D	C	A	Y	O	J	S	C
Q	U	I	S	J	S	C	A	S	M	E	C	O	L	E	C
V	Q	L	G	D	I	T	W	Y	V	Q	T	M	Q	L	H
G	U	T	V	G	O	F	F	O	R	A	B	D	D	F	Q
D	J	E	H	F	N	M	N	X	F	N	W	X	E	N	T
H	Z	R	B	C	S	Y	V	U	X	R	Y	X	F	P	K
T	I	R	E	L	O	A	D	I	N	D	E	X	U	P	D
Z	N	F	U	L	J	N	D	X	K	A	G	Z	I	A	S

Puzzle 18

L	W	P	H	J	B	O	W	T	Y	X	T	T	S	W	F
M	Q	A	X	N	E	M	E	S	G	J	U	J	L	P	M
B	B	N	O	V	E	R	S	T	E	E	R	I	I	G	C
U	S	H	U	G	P	Z	V	V	F	Y	N	I	F	R	N
O	Q	A	T	X	R	K	T	X	T	H	S	T	T	P	Y
Z	M	R	C	V	R	P	Q	Q	Y	E	I	K	G	F	B
X	S	D	I	H	L	E	V	P	R	O	G	R	A	M	F
J	D	R	I	V	E	T	R	A	I	N	N	P	T	A	V
U	P	O	U	N	D	F	E	E	T	Y	A	S	E	X	E
M	O	D	E	L	Y	E	A	R	J	Y	L	N	W	H	F
B	K	B	Q	R	A	I	T	K	G	S	S	B	I	P	W
Q	M	I	S	Q	M	A	O	L	B	K	A	C	N	R	E
O	K	Q	H	R	D	L	W	T	J	O	J	X	D	P	J
P	X	Z	Q	N	Y	E	L	J	M	T	L	N	O	M	Q
F	R	O	N	T	S	E	A	T	T	Y	P	E	W	P	J
Q	Q	O	V	U	J	T	Y	B	Y	L	T	T	Z	D	G

Puzzle 19

S C P T V C G G P S F V J X R K
H Y B R I D V E H I C L E P P I
T N I G O K Z G S F Z T B F S N
K U X E F Q V J X H G M B V W G
S T E E R I N G L I N K A G E P
B S I D E I M P A C T B E A M I
O V B F T H K E S Q N D T W H N
N C U S T O M I Z E D N I N N B
K O O Z N K Y X E L Y L E I Y U
Y K W M A X T O R Q U E R P M S
E L X O P A Z Y D K T S O M P H
D S M D P A U S Y N L S D H B I
B L C E H P S V L V T O E R D N
G R V L P N N S P G D R N G A G
U V F R V E P Z K Z O D D K L S
X R J I Z X T X Z L V T S E F L

Puzzle 20

J S T E E R I N G K N U C K L E
N C A B I N L I G H T I N G K A
R O F X U V J U K W M U C W W G
X U F M I M I I O K N F R K Q V
B E N A T S P X A C P L B X M G
T A G N W D G E O G K B E C M E
R S D Y I D P V R I U J E Z F U
P G R E E N H O U S E G A S E S
A G L W H Q G M Y L V Q H K G V
U Z O P K W K B T X H D U U W L
L G W R D A T I O Q J U T I F E
N F T I R S T J A A O V V O T O
A N T I R O L L B A R I J S S Y
A E R O D Y N A M I C D R A G D
R A V F G C D D J M E K S E V K
G J M I N I / C I T Y C A R F D

Puzzle 21

Y	S	H	I	F	T	G	A	T	E	T	T	T	I	T	Y
B	W	L	A	Q	I	K	S	Z	W	D	Q	H	G	B	V
X	U	K	V	K	R	Y	A	H	N	A	C	R	M	V	N
Q	V	N	Y	I	E	A	P	A	V	S	H	O	Y	M	S
E	F	O	O	Z	P	Y	B	R	N	E	X	T	H	W	N
J	K	O	X	V	R	R	L	B	P	S	W	T	E	O	B
X	K	U	W	U	E	Q	G	E	A	U	O	L	E	U	W
L	B	F	Q	W	F	J	T	B	S	K	Z	E	L	R	P
T	I	E	O	N	I	T	S	A	M	S	Q	L	A	O	C
X	Q	P	G	U	X	U	R	R	E	A	E	I	N	G	J
R	I	G	I	D	A	X	L	E	J	B	R	N	D	X	I
I	H	M	I	R	L	O	K	I	B	Q	M	K	T	S	H
X	O	U	X	G	U	N	K	Z	V	A	O	A	O	R	B
W	J	T	H	F	S	Q	H	F	K	L	T	G	E	N	Y
I	X	Q	J	G	X	D	H	Z	X	D	S	E	P	M	V
X	J	X	J	L	X	G	U	B	V	C	D	Y	V	K	B

Puzzle 22

W	S	P	P	Q	W	Y	N	H	P	A	U	J	N	C	J
P	T	R	Y	G	Q	R	L	H	A	I	C	V	M	U	E
W	P	H	D	P	D	C	C	C	T	N	R	X	M	R	M
S	U	U	E	S	U	E	H	B	V	T	D	B	S	T	M
R	R	F	S	N	Z	X	S	L	D	E	O	L	Q	A	I
G	C	U	C	A	E	P	P	T	D	R	L	A	I	I	R
L	H	E	E	V	W	J	X	X	B	C	Q	U	Y	N	M
R	A	L	N	I	O	V	J	O	Q	O	E	N	G	A	G
D	S	C	T	G	R	E	E	N	H	O	U	S	E	I	V
Y	E	A	C	A	I	F	A	O	F	L	H	D	F	R	A
B	O	P	O	T	V	N	B	E	Q	E	W	D	T	B	C
W	P	A	N	I	B	Q	E	E	B	R	Z	U	L	A	V
B	T	C	T	O	Y	P	Q	O	F	W	W	M	Q	G	I
J	I	I	R	N	R	U	N	P	I	X	L	V	N	S	R
T	O	T	O	R	N	L	L	K	C	L	F	T	E	A	U
U	N	Y	L	M	C	G	L	L	Q	E	H	D	G	U	K

Puzzle 23

N T N H M K J X G Q T Z Z F G H
Q O U X T N A R D Y M F U V K C
S V T X B O G C K P A T H U E Q
K E C G D C B G B Z Y M S Q Y H
C R O W U K J V A B S O T V L O
X S M B E D E X T E N D E R E W
X Q P S C O V S Q A P Z E J S H
X U A U H W K Z T V M D R G S C
E A S Y E N T R Y R Q Z I K I H
A R S T I S Z S E P F V N W G I
H E D N G E Y T D F V Q G R N C
M N M B H N E P B Y T R R I I V
G Y I V T S U B C O M P A C T V
Y R H Z A O T O K O M H C M I U
R X K E L R Y X X U N S K J O R
Q L L D O N B F F D I H E I N R

Puzzle 24

R T O W I N G C A P A C I T Y N
Y I F P X M W A E I Z T T L S F
A R M S C A G N X C W X A H C B
P E F X H H A W X K E K D Q W O
Q S B W I O T K A U P Z X B P K
A I A J S R C O U P E X E U Y O
T Z W M K S V H W T B O M E R W
S E A T F E A T U R E S W Z O G
X C L G A P I N S U R A N C E Q
C R O S S O V E R C I V R Q W X
V S G L B W Q C H K Z W I O S T
X I P L S E D D J D Q H R N Y L
B U U Z P R O G R A M C A R J A
J I A C B T P A S Y J J S S Z F
F R O N T M I D E N G I N E G X
S U M O P E K C E V Y B O O I S

Puzzle 25

B	J	Z	Y	E	U	I	N	M	F	T	V	W	R	N	I
F	X	R	Y	P	S	V	K	D	E	E	M	U	T	N	N
H	X	E	O	P	E	T	I	G	U	R	K	W	B	P	B
J	C	A	S	H	R	E	B	A	T	E	S	P	S	R	O
A	H	R	L	M	I	Q	W	B	Q	C	V	P	A	O	A
A	J	W	X	F	E	V	M	K	A	A	U	E	L	G	R
O	Q	H	D	B	S	N	L	S	U	L	G	A	V	X	D
Z	L	E	U	C	W	S	Z	E	X	L	M	Q	A	C	B
Y	B	E	S	Z	T	A	R	G	A	N	I	P	G	P	R
K	R	L	O	O	D	O	H	C	I	O	M	R	E	H	A
K	C	D	L	I	W	V	I	V	S	T	O	P	T	O	K
V	J	R	C	M	G	L	D	T	I	I	Q	M	I	S	E
C	I	I	O	C	E	C	F	P	F	C	K	W	T	M	S
Q	F	V	L	H	P	C	M	D	U	E	G	F	L	M	D
L	N	E	G	M	Y	L	L	G	S	Z	Y	E	E	B	N
I	F	Q	F	M	E	S	B	F	D	R	W	D	Q	E	V

Puzzle 26

E	U	R	V	N	Y	N	Z	Z	P	K	S	F	R	C	B
D	M	L	Q	X	M	O	X	A	F	C	O	I	L	R	T
F	O	O	T	L	T	I	B	T	M	W	F	H	F	X	S
T	H	W	K	E	G	J	W	I	Q	R	T	G	H	V	W
F	Y	D	N	A	G	F	I	N	A	N	C	E	T	L	S
W	D	F	H	P	K	G	D	T	R	W	L	P	P	E	E
F	R	S	F	S	A	E	S	T	W	G	O	A	C	Y	G
Y	O	O	O	F	B	Y	G	D	W	N	S	B	N	M	Z
Y	C	C	S	A	B	B	M	B	C	P	E	E	A	K	V
N	A	Z	P	B	R	A	K	E	P	E	D	A	L	M	V
B	R	A	K	E	D	R	Y	I	N	G	O	C	I	D	I
P	B	C	Q	O	J	B	I	S	R	T	O	R	G	E	U
R	O	E	F	Z	A	X	P	E	N	T	R	O	O	F	D
I	N	K	S	E	A	T	B	E	L	T	S	O	V	F	S
D	S	H	A	F	K	D	V	P	N	P	J	N	R	A	U
W	M	I	E	R	T	I	K	G	W	C	L	A	Z	F	O

Puzzle 27

I	D	L	E	R	P	U	L	L	E	Y	J	R	T	Y	A
S	L	Y	O	D	H	F	O	Z	E	X	O	A	O	H	O
Q	C	B	U	B	A	D	I	H	M	I	Y	D	D	L	R
I	X	H	E	A	D	S	U	P	D	I	S	P	L	A	Y
J	Y	H	L	I	E	U	H	P	J	K	B	Q	C	E	P
J	Y	A	T	N	Y	E	V	B	H	W	R	V	S	T	G
D	Z	L	I	D	G	U	A	W	O	V	A	F	I	B	G
Y	T	G	A	S	R	T	L	N	B	A	C	K	X	Y	A
D	N	J	O	I	L	F	I	L	T	E	R	M	M	N	P
E	M	G	M	Q	O	M	J	Z	X	I	W	D	F	J	O
E	W	T	U	E	E	C	Q	D	A	G	S	T	P	J	E
Z	H	T	H	J	I	L	S	P	V	U	I	Q	F	O	J
R	W	O	V	T	I	U	E	D	K	P	H	I	U	K	Z
J	Z	S	A	E	H	R	E	B	O	U	N	D	J	A	R
D	D	U	A	L	M	O	D	E	H	Y	B	R	I	D	T
P	V	B	D	L	B	Y	L	Z	P	T	Y	G	R	X	W

Puzzle 28

G	E	B	J	B	D	I	E	P	J	J	J	W	E	W	O
L	Z	S	T	E	E	R	I	N	G	A	X	I	S	O	T
I	W	M	H	E	D	G	L	O	C	F	P	O	D	J	Z
F	D	L	R	Z	G	R	Z	I	F	M	E	U	T	H	L
T	I	N	O	C	N	Y	R	K	P	C	K	F	J	Y	S
W	G	V	T	S	T	C	R	C	I	J	A	U	V	B	F
M	F	R	T	K	Z	A	R	O	X	H	U	Z	R	R	Z
K	S	N	L	D	B	Z	V	E	S	S	X	E	O	I	Z
P	N	H	E	F	D	N	Y	F	D	E	F	F	V	D	S
Z	F	G	B	P	I	L	L	A	R	I	N	C	V	D	S
N	R	M	O	V	K	A	S	S	M	N	T	S	I	E	P
R	D	Q	D	P	H	W	R	R	N	P	E	T	O	G	D
U	W	Y	Y	O	S	U	V	G	L	M	G	A	I	R	G
G	E	G	R	S	P	M	I	D	E	N	G	I	N	E	W
U	U	R	V	I	O	C	F	W	H	O	T	M	R	E	R
O	T	U	N	G	Q	X	L	B	B	B	P	L	W	L	P

Puzzle 29

L	C	K	M	S	U	N	S	E	N	S	O	R	Y	F	W
D	B	R	F	P	I	B	E	Y	D	N	A	O	H	W	Y
T	M	E	T	J	C	H	X	L	I	O	O	D	H	N	A
V	G	A	S	O	L	I	N	E	E	N	G	I	N	E	N
A	C	R	V	W	A	L	Q	F	S	Q	O	E	E	X	T
I	L	S	Z	V	Y	G	W	G	E	S	P	L	R	C	I
V	X	E	Y	R	M	R	L	B	L	O	O	I	Y	K	T
E	S	A	H	K	I	N	W	E	E	S	E	F	Y	M	H
M	T	T	Q	X	L	G	D	K	N	K	T	A	C	M	E
Y	T	T	Y	D	D	I	A	O	G	N	O	R	F	Z	F
L	Y	Y	E	T	N	Y	C	Q	I	Z	M	F	S	F	T
B	O	P	Q	H	E	N	Z	L	N	R	F	X	K	U	A
Y	B	E	P	I	L	O	T	B	E	A	R	I	N	G	L
A	W	Y	Z	X	C	K	X	Z	I	Z	R	X	U	K	A
D	E	C	L	A	R	A	T	I	O	N	P	A	G	E	R
D	N	U	M	B	E	R	O	F	S	P	E	E	D	S	M

Puzzle 30

G	A	K	F	J	G	I	X	N	W	P	C	R	D	Q	V
B	B	E	F	T	W	Y	Q	W	E	P	C	A	J	F	K
N	O	B	D	I	M	K	D	I	Z	A	R	S	Q	Q	S
A	N	I	G	H	T	V	I	S	I	O	N	R	L	B	S
P	A	R	K	I	N	G	S	E	N	S	O	R	S	C	L
O	G	C	R	E	D	I	T	U	N	I	O	N	D	J	U
B	T	O	J	O	V	E	R	H	E	A	D	C	A	M	S
E	R	N	F	W	D	R	I	F	P	C	B	N	N	O	H
R	V	S	F	S	T	U	B	E	F	R	A	M	E	F	B
G	A	O	F	M	O	K	U	P	I	D	V	G	K	R	O
B	O	L	D	F	R	T	T	E	O	A	L	B	P	Y	X
E	X	E	M	L	S	B	O	K	E	V	T	D	S	C	U
H	T	R	A	I	L	E	R	W	I	R	I	N	G	V	N
J	I	S	J	L	Z	L	C	L	D	L	O	Q	F	P	E
W	R	E	S	I	D	U	A	L	V	A	L	U	E	Q	G
R	V	S	D	F	A	N	P	F	V	Z	N	P	Y	W	T

Puzzle 31

J Y A D Y W N F R X Y E B V I I

T R C B G Z L A V A N H D C J F

W Y O R I D E H E I G H T O J Y

Z L N A J R S R G R C K S H B N

B X V K W S C N D B E R V U M N

R X E E A O E R Q A G D O A B J

T U R B O C H A R G E R Y R A Z

D O T I T H S U T S B F N N U V

J S I A S I M P L I F I E D C F

Z W B S A L V R O T B B Y Z A V

M T L K C D E N H B U T X V U A

E W E K T S V Y W K C R F I O V

R R V T A E J A T J T F E U D F

C C Z S T A B I L I Z E R B A R

R A D I A T O R H O S E S W O P

E R F E C Z C Q T X W Z M J C Y

Puzzle 32

J U P L U G I N V E H I C L E B

P G J N Z C H T K O G K O C A L

Y L W U U A E C X V W P N C Z I

Z D S R O R A S S N A L V H O O

I W K B F B T X J X D J E E I X

K P N X H O E L M H B O R V G A

W R R C K N R M L N E I T N F L

B K T V K M E P K W S P I F F U

N A J Q I O C Z C Z U T B H N U

H A K E N N F Z K R S W L A A S

Y O D C B O H R Q E S B E M N B

J I N J N X J B T R Q A A Q X Z

Q A E Y N I J A Y J O W A Y O M

P X C Z Y D P Q M W Q W I M I R

Z B T I R E D I A M E T E R H N

C L F O U R W H E E L D R I F T

Puzzle 33

B R I F S C D Y U H U M K E I A

N G O H Q C A R B U R E T O R N

T Z Z Z N E E B K Z W M T N P E

Z N N X W C B R Z J R O L W Y J

P Q Q F V O L O C K S R X H R J

G E Y Y W N K A R I Y Y Q R T W

N T L A K V T D E L U S Q H N R

F U M I T E J H A S R E X P H M

Q G J Y F R X O R K E T O B T U

E F N B X T P L S I V T B L N A

B S M T A I D D P D K I R Y G T

B L K U W B M I O P R N L V G G

P O Q S M L Z N I L H G K V U W

W S M O K E D G L A S S E U L P

O W F T U X C M E T B D T D F L

X J F E H L N Z R E Z T W A V E

Puzzle 34

E U K H I C L C W S Y L R P D G

Q A I R C O N D I T I O N I N G

P E D A L A D J U S T M E N T H

K U N S W V W V Q R Z L T U D C

F R D I S P O S I T I O N F E E

Q J O V L C I J C F B D E I J Y

G N J V F L Y P O L M L L U D D

R E A R D O O R T Y P E E X V J

L Y N W C L P Y S F J U G U S R

I H B F U E L F I L L E R C A P

M G T R R G Z F S T C J O A I F

F E F I U S K V B E C L O D A C

D V T S V D M C Q R B C M M S V

D A B Y J Z D P S K I D P A D O

Y Y X M Z I D I D M Y D O X J O

W V D O N D R F S A G X D A M T

Puzzle 35

U	E	Q	X	S	N	U	H	O	D	S	K	B	H	J	G
D	I	S	C	B	R	A	K	E	T	Y	P	E	F	R	H
U	V	V	B	Y	H	N	H	G	L	L	G	G	B	O	P
X	D	D	J	F	Y	Q	Z	A	F	S	E	G	X	O	C
S	U	S	P	E	N	S	I	O	N	F	L	U	I	D	B
E	X	H	A	U	S	T	M	A	N	I	F	O	L	D	R
K	Z	K	I	Z	Z	H	I	N	G	E	T	Y	P	E	A
C	R	Q	E	L	G	O	E	V	C	T	W	L	I	C	K
M	S	M	C	B	L	I	B	A	N	W	E	W	B	A	E
S	O	J	A	J	W	H	J	I	D	W	G	R	P	M	L
P	U	L	M	E	Z	K	O	U	W	L	D	T	K	S	I
S	R	N	K	M	A	J	C	L	Y	N	I	U	C	H	N
B	U	Z	C	V	M	F	E	Y	D	S	A	G	F	A	I
R	X	L	C	I	S	Q	P	D	B	E	M	J	H	F	N
Z	Y	Y	E	E	S	M	Z	K	J	T	R	I	D	T	G
U	N	H	T	V	M	K	J	U	F	V	E	D	O	T	S

Puzzle 36

S	L	Z	J	B	X	P	J	X	Y	Z	E	M	N	W	C
K	C	D	O	T	C	Y	Q	R	N	Y	U	T	P	Y	L
C	W	E	L	X	H	X	Y	E	S	R	J	N	L	G	T
I	Z	S	W	G	X	F	Y	P	E	Q	R	D	A	A	N
C	M	U	U	L	L	H	D	L	A	Q	Y	U	N	U	C
U	T	Q	P	E	L	K	T	A	T	A	Z	T	E	G	Y
Y	Q	S	X	O	Z	U	K	C	E	S	R	R	T	E	I
K	N	C	N	S	G	C	K	E	X	K	O	C	A	S	K
F	P	B	M	M	G	C	Q	M	T	T	W	F	R	H	J
M	D	T	V	A	A	W	U	E	E	T	C	J	Y	O	R
D	J	J	D	R	K	G	B	N	N	B	O	Y	G	E	R
Q	W	I	F	T	T	I	P	T	S	F	U	Q	E	Y	F
P	D	O	R	W	J	F	F	C	I	Q	N	R	A	G	S
M	O	B	R	A	K	E	B	O	O	S	T	E	R	S	V
R	L	H	V	Y	G	Y	B	S	N	A	O	R	S	G	D
R	V	H	K	C	N	F	O	T	T	Q	L	N	G	Z	X

Puzzle 37

N	M	A	D	F	X	A	I	S	E	Z	W	Y	H	H	S
X	B	X	I	E	Y	T	K	S	O	I	R	B	O	P	Z
Y	N	E	S	O	Z	O	C	V	I	Q	G	H	X	G	U
Z	Q	A	H	Z	O	B	E	I	C	B	N	D	Y	G	R
T	T	M	U	H	N	Z	V	L	I	G	L	S	G	G	T
H	P	P	W	L	P	Q	B	Y	E	T	C	O	E	B	S
A	G	O	W	T	X	Z	B	M	W	G	I	W	N	V	S
L	T	R	A	N	S	M	I	S	S	I	O	N	S	U	L
T	E	I	B	N	F	U	E	L	S	Y	S	T	E	M	F
U	T	N	P	W	T	B	I	N	A	R	X	T	N	V	V
E	L	L	E	A	D	I	N	G	L	I	N	K	S	J	M
S	A	T	E	L	L	I	T	E	R	A	D	I	O	R	U
W	B	G	S	P	Y	Q	D	H	S	A	Y	F	R	Z	M
F	S	T	O	R	A	G	E	M	E	D	I	A	N	I	H
D	Z	E	J	F	R	Y	C	X	P	F	Q	Z	K	S	R
H	J	S	M	V	C	O	N	V	E	R	T	I	B	L	E

Puzzle 38

P	O	S	T	C	R	A	S	H	S	A	F	E	T	Y	J
T	P	P	B	J	C	C	E	S	C	K	X	U	D	O	O
U	K	A	C	F	Z	X	X	Z	E	G	R	J	S	L	U
X	M	S	H	Z	C	E	H	R	N	X	P	X	P	S	N
H	D	S	H	O	P	V	A	C	I	C	B	T	W	U	C
U	Y	E	K	A	S	P	U	Z	Y	G	H	Q	V	N	E
J	B	N	F	J	S	Y	S	F	P	L	L	C	I	S	B
K	W	G	N	R	E	C	T	Y	Y	L	I	C	Q	H	U
D	Q	E	Q	V	Q	Y	P	C	O	Z	V	N	F	A	M
H	U	R	N	O	C	T	O	J	I	F	X	A	D	D	P
T	J	V	A	H	P	U	R	G	E	V	A	L	V	E	E
H	L	O	C	K	U	P	T	F	P	A	I	W	O	F	R
G	L	L	P	O	H	H	N	W	C	M	E	P	T	E	Q
A	F	U	O	C	W	T	D	W	G	V	J	Q	W	Z	Y
N	J	M	S	O	H	C	N	F	B	B	S	A	X	G	F
K	N	E	D	P	P	V	T	U	R	L	D	O	I	S	Y

Puzzle 39

Z	C	S	H	I	F	T	L	I	N	K	A	G	E	E	Q
C	Q	O	Y	H	F	V	Y	O	V	S	P	B	E	D	J
E	E	C	M	P	U	X	I	O	X	M	P	D	B	Q	P
C	M	O	L	P	K	T	M	Y	X	A	Q	D	J	V	P
A	B	I	P	O	A	P	E	E	L	F	Q	J	P	Z	N
K	K	H	S	N	S	S	E	M	M	W	R	P	S	K	K
F	R	E	O	S	K	E	S	E	N	G	U	U	E	W	N
H	W	T	L	Y	I	Q	R	P	M	L	Z	S	Y	L	Z
O	E	M	S	M	N	O	Q	X	Y	X	K	I	F	F	Y
D	N	G	A	C	G	D	N	V	F	I	N	X	Z	H	A
O	G	G	Q	Z	P	L	Z	S	G	D	S	L	B	P	X
V	B	E	V	E	R	A	G	E	C	O	O	L	E	R	H
M	E	C	R	N	I	O	K	J	K	W	P	D	F	Q	A
O	T	E	Q	J	C	R	L	R	T	J	U	F	R	K	N
L	E	S	S	E	E	O	B	L	N	X	J	B	B	T	W
Q	N	D	W	V	T	K	H	T	Q	C	E	S	W	Z	O

Puzzle 40

Q	Y	T	H	T	E	Z	E	T	W	V	F	S	M	W	R
N	N	Y	F	O	B	Y	B	R	A	K	E	P	A	D	S
R	W	S	L	E	P	K	R	J	C	K	B	I	C	P	T
F	C	U	Y	C	I	Z	E	G	O	H	R	C	S	Q	F
V	I	I	W	O	S	I	A	D	O	J	A	W	C	X	F
B	G	B	H	N	Z	L	K	R	L	Z	N	S	Q	T	F
E	X	O	E	T	U	O	O	I	E	W	D	Q	S	G	C
D	X	L	E	R	E	X	V	V	D	L	E	L	V	I	H
V	D	S	L	O	G	J	E	E	S	E	D	K	F	N	S
H	N	T	C	L	B	L	R	S	E	J	T	U	Q	V	R
G	A	E	X	L	V	V	A	Y	A	R	I	Y	R	L	F
F	Y	R	Y	I	A	T	N	S	T	Q	T	L	R	Q	W
H	P	I	V	N	Y	J	G	T	S	N	L	A	T	O	X
I	N	N	C	K	M	R	L	E	L	N	E	A	L	D	E
R	S	G	E	Z	O	I	E	M	M	J	L	X	D	A	Z
K	Q	E	Z	L	I	Q	F	C	O	X	S	W	M	J	H

Puzzle 41

I	N	S	T	R	U	M	E	N	T	A	T	I	O	N	M
M	A	X	P	V	M	D	W	A	V	R	W	W	D	E	G
B	B	M	R	O	P	E	A	L	S	E	Z	S	T	R	Z
K	I	T	O	U	C	P	G	G	I	D	Q	S	S	A	R
L	E	A	F	S	P	R	I	N	G	G	Y	X	F	Y	I
Q	T	S	I	G	S	E	U	S	F	S	H	A	R	V	M
N	H	B	L	B	E	C	D	M	E	N	M	R	C	W	P
Q	V	C	E	A	C	I	R	L	P	L	J	L	X	J	C
F	T	O	V	S	I	A	T	U	Z	L	Z	S	R	C	L
T	P	M	K	E	W	T	Q	I	B	Q	E	V	N	S	L
O	W	P	M	P	O	I	B	D	X	R	E	Z	H	W	W
D	I	A	T	R	G	O	T	L	T	F	A	D	O	V	U
O	R	C	H	I	C	N	A	F	Y	L	D	D	T	N	P
J	Q	T	A	C	H	O	M	E	T	E	R	Q	I	R	E
X	J	H	V	E	C	O	K	G	P	Q	H	R	P	U	W
W	W	Q	K	X	R	Z	E	J	A	X	Y	S	D	D	S

Puzzle 42

R	V	G	T	E	L	E	M	A	T	I	C	S	F	S	N
N	J	A	H	H	D	O	W	N	P	A	Y	M	E	N	T
K	J	K	H	S	O	D	G	L	V	Q	D	W	D	W	B
R	C	C	A	R	B	O	N	D	I	O	X	I	D	E	Z
C	H	B	P	P	O	F	B	D	B	B	G	C	I	T	R
H	U	I	S	E	C	Q	A	J	G	N	Q	N	Y	C	I
Q	H	V	L	J	X	P	Z	G	U	V	E	G	O	C	F
F	T	H	J	E	W	C	U	J	N	Z	I	C	X	U	C
X	R	P	R	E	C	R	A	S	H	S	Y	S	T	E	M
C	B	S	K	C	L	U	T	C	H	F	L	U	I	D	L
Q	Z	W	R	A	N	T	E	N	N	A	T	Y	P	E	A
Z	X	Z	W	C	A	Y	E	B	T	I	D	U	F	G	G
I	M	A	U	B	L	S	X	M	E	M	J	U	T	C	I
E	N	T	R	Y	L	I	G	H	T	I	N	G	N	M	V
C	M	N	D	G	E	T	T	I	P	O	H	V	M	D	C
E	Z	B	Q	P	G	Z	M	S	P	O	J	H	R	Z	Q

Puzzle 43

D	P	O	H	I	C	B	E	G	W	O	M	D	Q	M	B
J	K	N	A	Y	U	X	J	O	K	A	Z	K	B	V	K
U	Z	C	L	C	V	A	I	V	B	D	A	Q	C	U	F
Z	X	E	D	A	R	Q	H	P	J	O	H	B	O	X	T
P	I	N	E	R	Z	I	T	V	H	B	C	O	K	I	Q
D	G	T	X	H	H	X	I	E	U	E	O	P	O	J	L
D	Z	E	C	S	L	N	R	U	K	L	M	S	V	U	L
K	C	R	L	M	U	L	E	I	L	Q	P	I	U	Y	D
L	N	F	U	L	L	S	I	Z	E	C	A	R	S	B	M
B	H	E	T	C	Q	D	N	G	V	G	C	A	O	I	L
J	Y	E	C	O	U	B	F	Q	H	D	T	P	N	E	S
E	U	L	H	M	O	N	L	A	Q	T	F	Z	P	G	R
Y	M	N	I	U	R	N	A	L	W	T	B	A	L	K	C
Z	X	N	I	Y	E	W	T	T	X	M	P	A	C	P	G
J	I	I	W	C	H	P	O	I	O	H	I	X	R	A	T
W	S	I	D	E	A	I	R	B	A	G	S	K	U	B	E

Puzzle 44

B	X	R	M	F	Y	V	V	K	W	P	T	I	I	L	E
T	O	Z	G	D	Q	Y	D	P	P	G	V	N	D	S	L
G	U	C	P	A	E	E	O	C	N	D	G	T	S	D	L
Q	C	H	O	K	E	L	I	N	K	A	G	E	G	G	E
R	O	Y	Y	Y	G	V	O	X	W	H	R	L	Y	A	A
D	T	R	C	W	Z	D	D	J	D	I	B	L	M	S	S
D	H	H	O	Z	E	M	M	C	W	W	N	I	I	G	E
M	B	Q	H	O	W	M	Q	G	R	W	G	G	H	U	I
C	B	L	M	F	F	N	U	A	D	T	M	E	P	Z	N
B	U	R	R	G	Q	L	C	L	U	K	K	N	V	Z	C
H	A	G	R	G	P	Q	I	T	M	E	G	T	V	L	E
F	G	O	S	K	H	Y	B	N	T	U	V	C	W	E	N
A	V	Q	R	F	G	Z	P	L	E	L	X	A	R	R	T
F	E	A	L	Z	S	U	M	P	W	T	N	R	Z	T	I
A	P	A	Y	O	F	F	A	M	O	U	N	T	K	A	V
S	T	E	E	R	I	N	G	G	E	A	R	B	O	X	E

Puzzle 45

Q	F	G	C	M	V	Z	T	W	K	O	A	L	W	B	X
R	Z	V	Z	E	N	Q	G	U	S	Q	B	I	H	O	Z
V	R	V	Q	R	F	S	O	S	A	N	W	M	V	L	O
F	K	Q	L	X	U	D	E	E	B	C	Y	I	A	P	O
P	R	K	O	Z	E	P	V	R	Z	L	K	T	C	W	T
K	T	B	A	S	L	I	T	P	B	J	F	E	J	I	R
M	Z	N	D	Q	T	S	H	E	R	G	Q	D	X	O	M
A	M	B	H	N	Y	T	G	N	U	D	F	W	Z	H	S
P	O	C	E	A	P	O	R	T	S	E	M	A	I	X	D
U	Z	C	I	S	E	N	T	I	H	H	C	R	O	B	B
D	N	T	G	I	O	W	J	N	G	E	A	R	S	E	T
I	S	X	H	R	V	P	N	E	U	K	X	A	Q	T	C
J	Z	W	T	L	U	X	T	B	A	T	T	N	N	I	T
T	D	O	D	Y	E	Z	H	E	R	A	G	T	Q	Y	H
U	N	H	P	K	B	B	A	L	D	F	T	Y	O	F	P
I	V	P	V	C	W	K	D	T	R	A	D	E	I	N	X

Puzzle 46

H	A	V	H	Y	B	R	I	D	E	N	G	I	N	E	P
J	S	E	M	I	S	S	I	O	N	S	S	C	O	R	E
W	L	Y	C	A	R	G	O	H	A	U	L	E	R	L	D
C	X	C	E	B	P	S	S	M	W	E	S	Z	B	M	E
D	T	Q	L	A	Y	S	U	P	C	I	Q	W	B	H	W
B	S	P	U	X	W	J	T	T	L	H	N	H	X	W	E
F	D	A	U	D	I	O	F	O	R	M	A	T			
I	Y	J	K	F	Z	G	Z	Y	R	N	I	M	E	V	L
I	S	T	E	E	R	I	N	G	D	A	M	P	E	R	Z
K	V	K	L	A	C	E	D	P	V	K	G	H	R	J	D
C	B	D	R	I	V	E	O	F	F	F	E	E	S	Q	K
Y	I	X	S	R	W	Q	C	M	P	V	L	J	N	W	X
Z	Y	H	M	B	A	T	T	B	D	F	U	T	P	V	R
W	V	V	M	A	R	B	X	D	F	K	H	N	F	I	Z
M	I	U	C	G	Y	M	I	U	K	W	Q	B	X	R	W
E	D	Y	H	S	U	L	M	Q	T	A	X	W	U	A	V

Puzzle 47

A	F	N	R	K	Q	S	U	B	P	R	I	M	E	A	U
N	R	V	D	N	J	U	G	S	U	V	D	O	V	X	I
H	U	R	O	I	A	P	R	N	Y	M	L	N	Z	K	L
Z	G	A	B	Y	N	E	O	O	U	N	O	E	I	D	T
K	F	N	R	Z	T	R	U	W	Z	Z	Q	Y	V	V	Y
M	V	D	A	O	I	C	N	P	E	P	G	F	M	X	O
E	Y	Q	K	P	T	H	D	L	I	R	O	A	L	V	F
T	W	P	I	M	H	A	E	O	U	P	X	C	P	E	O
I	Y	V	N	Q	E	R	F	W	E	M	Y	T	D	C	L
I	N	A	G	R	F	G	F	P	U	Y	V	O	T	P	E
L	O	E	A	L	T	E	E	R	C	Y	I	R	A	B	O
R	A	C	S	Y	C	R	C	E	O	Q	J	I	L	D	K
K	I	K	S	W	O	G	T	P	V	Y	S	V	T	D	Z
A	B	L	I	N	D	S	P	O	T	C	U	U	K	O	G
D	X	C	S	O	E	T	H	K	B	C	D	P	M	I	L
U	B	G	T	T	S	P	V	C	K	I	F	U	O	A	C

Puzzle 48

A	F	D	F	D	O	C	C	G	K	P	D	Q	K	F	S
Q	X	Q	O	M	J	C	S	B	W	F	K	C	R	H	S
G	E	N	R	S	G	F	R	O	F	O	U	R	S	H	O
O	G	Z	C	X	X	B	F	I	L	R	I	C	O	F	G
L	I	V	E	A	X	L	E	L	T	Y	T	J	Y	S	X
U	K	A	D	F	B	K	K	Z	U	A	R	F	C	S	B
V	B	O	I	E	V	W	H	N	M	P	E	I	C	K	V
W	Y	N	N	Z	U	T	P	E	B	H	A	N	W	U	N
D	O	A	D	X	N	N	C	Z	L	E	D	A	F	T	G
T	D	S	U	H	C	N	Q	E	E	I	S	N	R	A	F
I	D	W	C	K	F	H	X	L	H	V	Q	C	F	B	N
K	Q	V	T	Y	U	A	M	Y	O	E	U	E	B	P	E
J	H	M	I	Q	Q	Q	R	L	M	W	I	R	C	J	R
U	G	R	O	U	N	D	C	L	E	A	R	A	N	C	E
Q	C	W	N	X	I	I	B	S	P	H	M	T	R	H	O
W	E	V	T	W	B	I	O	D	I	E	S	E	L	D	T

Puzzle 49

N L Z E A W M Z K R T T H V L J
P J T B A A D Q L F N L K S J V
J I R D I C K C T A E M F K H G
L L H L L A L R L S A Y J V N Z
P M A T P P I O K P R C G E H Z
X O N U T T O E S T E E R I S H
F T D Z Z C A L I P E R T Y P E
H I S T I C K E R P R I C E O A
J S F Q Q F Z H W C E S S P I T
V Z R W W U I E V C D R V M L E
D Q E M T R I P C O M P U T E R
I F E P R M M H F N Q U Z L R H
D Z I E A U E W F S Y J I X F O
Q C M G C A U E C O I V O X P S
F F I P K J B X I L E F N Y W E
Q P Y R D Z H K V E K U Y Q Z S

Puzzle 50

Q I R C M W B N R T G A C K V P
K B I G P O V E R D R I V E L P
B P O G O M E R A O C R Z P R N
Q O C L N T F D H I K F S X J G
E F R L S I B G T D E I M W L H
N C E E T E T L C L L L I Y O D
P O D U K K H I O T X T F S R F
I I I K H F Y S O H J R V C U B
R I T X D K N D L N X A Y J Y V
C O S Q R O R W A M T T K P R T
P I C U C I X G N M A I P S J B
V N O L N G W Q T A G O M I O T
K F R W Q N H K X L N N C I U I
T P E J C F R L S T R U T J N J
C B T C G D P P U O K K W X C G
O L G S E P S G N S F R Y X E U

www.ingramcontent.com/pod-product-compliance
Lightning Source LLC
Chambersburg PA
CBHW080847160726
47999CB00009B/3029